遥感反演瞬时地表蒸散发
日尺度扩展方法研究

姜亚珍 著

U0349579

中国农业科学技术出版社

图书在版编目（CIP）数据

遥感反演瞬时地表蒸散发日尺度扩展方法研究／姜亚珍著. --北京：中国农业科学技术出版社，2022.10

ISBN 978-7-5116-5944-6

Ⅰ.①遥… Ⅱ.①姜… Ⅲ.①遥感技术-应用-土壤蒸发-蒸发量-反演算法-研究 Ⅳ.①S152.7-39

中国版本图书馆 CIP 数据核字（2022）第 177598 号

责任编辑	马维玲
责任校对	李向荣
责任印制	姜义伟　王思文

出 版 者	中国农业科学技术出版社 北京市中关村南大街 12 号　　邮编：100081
电　　话	（010）82109194（编辑室）　　（010）82109702（发行部） （010）82109709（读者服务部）
网　　址	https://castp.caas.cn
经 销 者	各地新华书店
印 刷 者	北京建宏印刷有限公司
开　　本	170 mm×240 mm　1/16
印　　张	12.25
字　　数	220 千字
版　　次	2022 年 10 月第 1 版　2022 年 10 月第 1 次印刷
定　　价	50.00 元

前　言

　　遥感技术具有快速、高时空分辨率和适用于大面积并且能长期连续观测的特点，已被广泛应用于地表蒸散发（Evapotranspiration，ET）反演。但基于遥感反演模型得到的地表蒸散发一般为卫星过境时刻的瞬时值，无法满足水文学研究、农业灌溉与节水管理、全球气候变化研究等实际应用中对日尺度甚至更长时间尺度蒸散发的需求。因此，对遥感模型反演得到的瞬时蒸散发进行时间尺度扩展得到日尺度或更长时间尺度的蒸散发具有重要意义。

　　本研究在对地表蒸散发日内、日间变化规律及影响机制研究的基础上，分别开展了全天无云、卫星过境时刻无云（其他时刻部分有云）和卫星过境时刻有云 3 种天气条件下的日尺度蒸散发估算研究。主要研究内容和取得的成果如下。

　　对现行利用遥感数据进行 ET 估算的模型和瞬时 ET 时间尺度扩展方法进行了综述，详细阐述了各种模型与方法所涉及的假设条件、优缺点和应用情况等，讨论了目前进行瞬时 ET 时间尺度扩展所存在的问题与不确定性。

　　在全天无云天气条件下，基于美洲通量 3 个研究站点的MODIS 数据和气象数据，利用对蒸散发过程中土壤蒸发和植被蒸腾具有不同解译思路的 2 种梯形端元模型（"同步分离"和"两步分离"模型）进行瞬时 ET 估算；然后对 2 种模型估算得到的瞬时 ET 值利用蒸发比恒定法进行时间尺度扩展得到日尺度 ET 值。研究发现，基于 2 种模型得到的瞬时 ET 值扩展得到的日尺度 ET 结果具有明显不同的估算精度；基于"两步分离"和"同步分离"梯形模型估算的瞬时 ET 值扩展得到的日尺度 ET 结果与实测值比较，估算均方根误差（Root Mean Squared Error，$RMSE$）分别为 18.5 W/m^2 和 27.8 W/m^2。

在该天气条件下，利用解耦因子在日内较为稳定的特征，提出了基于解耦模型直接估算日尺度 ET 的方法，该方法避免了瞬时 ET 的引入，不受瞬时 ET 估算精度的影响。通过禹城站点气象数据和 MODIS 数据对该方法进行验证，结果表明，利用该方法直接估算日尺度 ET 的 $RMSE$ 为 18.6 W/m^2。

在卫星过境时刻无云（其他时刻部分有云）条件下，研究以禹城站点气象数据作为输入数据，利用大气-地表交换（Atmosphere-Land Exchange，ALEX）模型模拟了地表蒸散发和其他相关通量在不同云特征（云现时间、云层厚度、持续时间）下的变化规律，探索了 3 种常见的时间尺度扩展方法（参考蒸发比恒定法、蒸发比恒定法、短波下行辐射比恒定法）的尺度扩展因子和 ET 扩展结果受不同云特征的影响程度。研究结果表明，参考蒸发比恒定法在不同云特征影响下估算日尺度 ET 均具有最高精度，是受云影响最小、最稳定的时间尺度扩展方法。

在卫星过境时刻有云条件下，在研究地表潜在蒸散发比和土壤可利用水比率之间关系的基础上，将晴天土壤含水量减去蒸散发量作为邻近有云天的土壤蓄水量，提出了卫星过境时刻有云条

件下的日尺度 *ET* 估算方法。利用美洲通量 10 个站点的实测数据和禹城站点的 MODIS 与气象数据对提出的方法进行了验证，结果表明，卫星过境时刻有云条件下日尺度 *ET* 的估算 *RMSE* 小于 39.09 W/m^2。

　　本书成书的过程当中得到姜小光教授、唐荣林研究员的指导、支持和帮助，同时出版此书得到国家自然科学基金青年基金项目"有云条件下遥感反演瞬时地表蒸散发日尺度扩展研究"和"一种基于误差补偿的地表温度优化反演方法研究"的支持。

目　　录

1　绪论

1.1　研究选题背景及依据

1.1.1　蒸散发研究意义

蒸散发（Evapotranspiration，*ET*）是土壤-植被-大气系统中能量、物质转换和输送的重要环节，既是地表热量平衡中的潜热通量组分，也是水量平衡支出项的重要组成部分（Li et al.，2009；张仁华，2010）。蒸散发通常包括蒸发（Evaporation）与蒸腾（Transpiration）2个过程，其中蒸发是指地表液态水或固态水转换为气态水的过程，包括发生在海洋、江、河、湖、库等水体表面的水面蒸发和发生在土壤或岩体表面的土壤蒸发（田国良 等，2006）；蒸腾是指植物内部气孔或组织内的液态水转化为气态水的过程（Brutsaert，1982），通常称为植被蒸腾。

目前，由于人口与经济的快速增长、灌溉用水需求量增加、水环境恶化等原因，全球水资源短缺问题日益突出，水环境与水安全的问题已成为全世界共同关注的重要问题之一。蒸散发过程需要消耗 60 % 左右的陆地降水量，以及超过 1/2 的短波净辐射

（Oki and Kanae，2006；Trenberth and Fasullo，2010；唐荣林，2011），因此，蒸散发对全球的水循环和能量分配具有重要作用。另外，降水和蒸散发共同决定着区域或流域尺度的地面径流与地下水等可利用水量，在进行农田灌溉与耕作制度的制定与调整、合理规划与管理水资源等时，均迫切需要深入了解和研究蒸散发耗水情况。

蒸散发作为陆面过程中地气相互作用的重要过程之一，其水汽从地表传送到大气需要经过一系列的动力学和热力学过程，这些过程中伴随着能量的吸收和释放，影响和决定着云、雾、降水等天气现象的形成与发展。在全球气候变化研究成为热点问题的背景下，为了精准预测气候变化，首先需要对全球尺度的能量循环与水循环过程（包括蒸散发过程、云雾形成过程和降水过程等）进行深入研究（Sellers et al.，1996）。

另外，植被蒸腾作为蒸散发过程的重要形式之一，与植被的生理学过程息息相关。植被气孔的蒸腾作用提供了水从土壤到叶片运输所需要的动力，影响植被的供水过程，而该过程同时还伴随着植被所需各种养分的输送与吸收利用。同时，蒸腾过程可以降低植被叶片温度，避免其在强烈的太阳辐射下升温过快而受到损害。另外，蒸腾过程与植被冠层的生理生态过程（光合作用、呼吸作用等）中 CO_2 的吸收与释放紧密联系，影响着植物干物质的积累与作物产量。通过深入了解地表水热通量变化，分析土壤水分与植被蒸腾的变化，对研究植被生理过程和评估作物长势与产量具有重要意义（刘昌明，1999），也有助于农业生产中据此进行正确的水资源管理。

因此，不同时空尺度上蒸散发的准确估算在水文学、水资源规划、水利工程建设、农业灌溉与节水管理、作物生理生态过程研究、作物长势与产量评估以及全球气候变化研究等方面具有十分重要的应用价值（Stocker et al., 2013; Bastiaanssen et al., 2005; Schlesinger and Jasechko, 2014）。

1.1.2 遥感监测蒸散发的特点

传统的蒸散发观测技术主要有蒸发皿、波文比、涡度相关系统（EC）、重力蒸渗仪和闪烁仪等，但是这些技术通常都基于单点或田间尺度进行。其中，EC 技术能长期直接测量蒸散发量，目前已得到了广泛的应用（卢静，2014; Baldocchi et al., 2001），但由于其测量范围非常有限，仅为几十米到几百米，难以准确获取复杂地表下垫面区域尺度范围的蒸散发（Tang et al., 2011）。大孔径闪烁仪（LAS）相比 EC 技术，其测量范围可至几千米至几十千米（Liu et al., 2011），但由于仪器价格昂贵、不易维护等，该技术的大范围推广也存在一定困难。

蒸散发具有很强的空间异质性，点尺度的观测很难向外扩展。面对区域尺度蒸散发监测的需求，遥感技术的迅速发展为其提供了新的技术手段。应用遥感技术反演蒸散发的研究始于 20 世纪 70 年代，当时主要应用手持式温度计，或机载热红外传感器等来探索遥感技术估算蒸散发的可行性。随着一系列新的对地观测卫星的发射，传感器技术不断进步，信息处理手段持续更新，使得遥感技术进入一个多平台、多时相、高光谱、高分辨率的对地观测新阶段（Price, 1980; 李德仁 等，2012），为连续性区域地表水热通量估算提供了数据与技术支撑（Li et al., 2009）。

遥感技术可快速、周期性、连续性地获取区域尺度上的地表状态参数，具体来说，遥感数据所记录的地物光谱信息，不仅与地物的性质有关，与地物所具有的能量和水热状况也有关。通过遥感数据提取的地物特性，反映着地气之间的水热交换过程。联合遥感数据反演得到的地表参数、地面观测气象变量以及植被特征参数能够估算局地、区域和全球尺度上的蒸散发分布（辛晓洲等，2003；Anderson et al., 2012；Zhang et al., 2016, 2017；Fisher et al., 2017）。相对于传统的 *ET* 监测手段，遥感技术具有以下几个显著的优势（Rango, 1994；Idso et al., 1977）：具有较好的时效性，可以在短时间内获得大范围、连续的空间信息；具有较好的经济性，获取信息时所需花费较少；适用于无资料地区或者不易布置测站地区等（唐荣林，2011）。利用遥感监测区域 *ET* 已取得了很大进展，形成了一系列理论和方法。

遥感技术也存在一定的局限性，例如光学和热红外遥感数据受云影响较大，而且遥感获取的信息一般为卫星过境时刻的瞬时信息，利用遥感数据估算的 *ET* 结果通常需要进行时间尺度扩展才能够满足实际应用的需要。另外，遥感反演地表参数的精度和反演模型的精度有待进一步提高。考虑 *ET* 估算对水文学、水资源规划、农业发展和气候变化研究的重要性，如何在区域尺度上进行高精度、连续时空范围地表蒸散发估算是目前蒸散发研究的重要内容。

1.1.3　遥感瞬时蒸散发的时间尺度扩展

综上所述，遥感反演地表蒸散发具有快速、高时空分辨率和适用于大面积并能长期观测的特点，能弥补传统蒸散发估算方法只适用于小区域范围的不足。但是基于遥感反演模型得到的地表蒸散发一般为卫星过境时刻的瞬时值，而在水资源规划、农业发展和气候变化研究等应用中，日尺度甚至更长时间尺度的蒸散发更具应用价值（Zhang and Lemeur，1995；Suleiman and Crago，2004；Kalma et al.，2008；Tang et al.，2013；Cammalleri et al.，2014；Song et al.，2018），因此，需要对遥感反演得到的瞬时 *ET* 值进行时间尺度扩展。

目前，遥感反演瞬时蒸散发的时间尺度扩展已成为地表蒸散发定量遥感研究的热点问题与前沿课题之一，已有大量研究发展了多种瞬时蒸散发的时间尺度扩展方法（Brutsaert and Sugita，1992；Crago et al.，1996；Bastiaanssen et al.，2000；Gomez et al.，2005；Chávez et al.，2008；夏浩铭 等，2015），但已发展的方法在实际应用中仍然存在很多问题，最主要的问题是大部分方法应用于完全晴空条件（Wu et al.，2017），而在实际应用中，完全晴空条件是很难满足的。云的出现会显著降低地表接收的太阳短波辐射及可利用能量，进而使得地表蒸散发降低，直接影响着地表蒸散发日内变化过程（Suigita and Brutsaert，1991；Zhang and Lemeur，1995；Xu et al.，2015）。不同的云现时间、云层厚度以及持续时间对地表可利用能量与蒸散发等的变化幅度影响也会不同。因此，考虑不同云特征（云现时间、云层厚度以及持续时间）对遥感反演瞬时蒸散发时间尺度扩展的影响，开展多种天气条件下（完全晴空、卫星过境时刻无云而其他时刻部分有云、卫星过境时刻有云）蒸散发的时间尺度扩展研究，发展精度更高、更稳定的时间尺度扩展方法对于蒸散发研究具有极为重要的意义。

1.2 国内外研究现状

1.2.1 蒸散发估算的传统方法

传统的 ET 估算方法虽仅能够提供单点尺度或局地较小范围内的 ET 值，但了解其原理与发展对蒸散发过程与估算方法的认识具有重要意义；同时传统的 ET 估算方法通常精度较高，其结果可以作为区域 ET 估算的验证值。

本研究表述过程中，蒸散发 ET 也用其能量表达形式（潜热通量 LE）来表示。

1.2.1.1 波文比方法

Bowen（1926）提出波文比（B_0）这一概念用来刻画蒸散过程中的能量分配。波文比的概念应用于测量蒸散的仪器中，也广泛应用于蒸散发研究，其计算公式为：

$$B_0 = \frac{H}{LE} \tag{1.1}$$

式中，H 为显热通量（W/m^2），LE 为潜热通量（W/m^2）。

波文比方法需要同时测量 2 层空气温度和水汽数据，求得空气与水汽梯度信息，进而计算得到显热和潜热的比例。忽略植物的光合、呼吸作用以及地表储热过程对能量平衡的影响，基于能量平衡方程，潜热通量可通过以下公式计算得到：

$$LE = (R_n - G)/(1 + B_0) \tag{1.2}$$

式中，R_n 为地表净辐射（W/m²），G 为土壤热通量（W/m²）。

1.2.1.2 Penman 公式法

结合波文比和能量平衡公式，Penman（1948）提出了计算水面蒸发的综合公式，称为 Penman 公式：

$$E = \frac{\Delta}{\Delta + \gamma}Q + \frac{\gamma}{\Delta + \gamma}E_A \qquad (1.3)$$

Penman 公式的关键在于提出了饱和水汽压与温度的斜率（Δ，kPa/℃）：

$$\Delta = \frac{e_s^* - e_a^*}{T_s - T_a} \qquad (1.4)$$

式中，e_s^* 为湿润地表的饱和水汽压（kPa）；e_a^* 为空气温度 T_a 对应的饱和水汽压（kPa）。

Penman 公式为 2 个部分之和，第 1 部分称为辐射驱动部分，为水体吸收净辐射引起的蒸发；第 2 部分为空气动力学驱动的部分，也被称为空气干燥力驱动部分。

Penman 最初给定了一个经验关系用来确定对风速在空气动力驱动部分中的影响，其表达式为：

$$f(u) = 0.26(1 + 0.54u) \qquad (1.5)$$

Penman 公式最大的优点是只需一层观测的风速、温度、相对湿度等参数就可以计算水面蒸发，综合了空气动力学方法和能量平衡法的优点，在水面蒸发计算中得到了广泛的应用。

1.2.1.3 Priestley-Taylor 公式

Slatyer 和 McIlroy（1961）认为 Penman 公式中空气动力学部分为零时湿润地表的蒸发达到下限，并将此时的辐射驱动部分称为平衡蒸散，认为空气动力学部分是导致偏离平衡蒸散的原因。但是随后的研究表明真正的平衡蒸散是很难存在的，因为大气边界层并不是完全均一的，不同层和区域的交换会导致空气水汽压亏缺。

Priestley-Taylor（1972）基于平衡蒸散的概念，利用大量的水面观测资料，假设下垫面足够湿润的条件下，潜在蒸散发基本上由可利用能量决定，潜在蒸散发的计算公式即为通常简称的 PT 公式：

$$E_{PT} = \alpha \frac{\Delta}{\Delta + \gamma} Q \tag{1.6}$$

Brutsaert（1982）指出在无平流状况下的水面，或者湿润低矮的植被区域 PT 公式中 α 系数 1.2~1.3，通常取值 1.26。Priestley-Taylor 公式适用于湿润地区的蒸散发估算，干旱区估算结果不稳定。

1.2.1.4 Penman-Monteith 公式

Monteith（1965）在 Penman 公式中引入植被的阻力系数（水汽阻抗）来计算植被蒸腾，得到 Penman-Monteith 公式，其表达式为：

$$ET = \frac{\Delta(R_n - G) + \rho c_p [(e_s - e_a)/r_a]}{\Delta + \gamma(1 + r_c/r_a)} \tag{1.7}$$

式中，Δ 为饱和水汽压对温度的斜率（kPa/℃）；R_n 为地表净辐射（W/m²）；G 为土壤热通量（W/m²）；r 为空气密度（kg/m³）；C_p 为定压比热 [J/（℃·m³）]；$e_s - e_a$ 为水汽压亏损（kPa）；γ 为干湿球温度计常数（kPa/℃）；r_a 为空气动力学阻抗（s/m）；r_c 为地表阻抗（s/m）。

由于该方法估算 ET 具有较高精度，联合国粮食及农业组织

（Food and Agriculture Organization of the United Nations，FAO）推荐其作为计算参考蒸散发（ET_0）的方法（Allen et al.，1998）。ET_0被定义为供水充分、植被高度为 0.12 m、表面阻抗为 70 s/m、反照率为 0.23 的均匀植被（苜蓿）所对应的蒸散发：

$$ET_0 = \frac{0.408\Delta(R_n - G) + \gamma \dfrac{900}{T_a + 273} u_2(e_s - e_a)}{\Delta + \gamma(1 + 0.34u_2)} \tag{1.8}$$

式中，T_a 为大气温度（℃）；u_2 为 2 m 高度处的风速（m/s）。

作物实际的蒸发则通过作物系数（K_c）乘以参考蒸散发（ET_0）得到：

$$ET = K_C ET_0 \tag{1.9}$$

1.2.2 遥感技术估算蒸散发的研究进展

利用卫星遥感数据进行区域或全球尺度 ET 估算的模型根据其机理和建模方式的不同，可以分为以下几类：其一，简化的经验回归法；其二，具有物理基础的地表能量平衡法；其三，植被指数-地表温度三角形或梯形特征空间法；其四，基于时间信息的模型；其五，数据同化方法。

1.2.2.1 简化的经验回归法

简化的经验回归法是早期蒸散发研究中，忽略土壤热通量，直接由地表温度的经验估算方程得到显热通量，然后结合日尺度净辐射值估算得到日尺度 ET 的方法（Jackson et al.，1977；Seguin & Itier，1983；Carlson et al.，1995）：

$$ET_d = f(R_{nd}, T_s, T_a, \cdots) \tag{1.10}$$

式中，R_{nd} 为日净辐射值（mm/d）；T_s 和 T_a 分别为地表温度和大气温度（℃）。

简化的经验回归法利用每天正午 1 次的热红外观测温度来计算全天的蒸散发量，模型原理简单，输入参数少，精度也较高，许多研究证明利用该方法估算日蒸散发的精度大概在 1 mm/d（唐荣林，2011），该方法在灌溉管理、农作物缺水状况预测、作物估产等应用中具有重要价值。但由于该类模型很大程度上依赖于地面观测数据获得模型的经验系数，因此，很难应用于大面积区域 ET 的估算。

1.2.2.2　能量平衡余项法

能量平衡余项法是目前估算蒸散发的最为广泛使用的一种方法，该方法首先利用遥感反演参数获得地表净辐射、土壤热通量与显热通量，然后基于像元尺度上垂直方向的能量平衡方程的余项得到地表潜热通量：

$$LE = R_n - G - H \tag{1.11}$$

式中，LE 为潜热通量（W/m²）；R_n 为地表净辐射（W/m²）；G 为土壤热通量（W/m²）；H 为显热通量（W/m²）。

根据对地表过程的不同参数化程度，即参数化过程中是否区分了植被与非植被区域，能量平衡余项法可分为一源模型和二源模型（Li et al.，2009；高彦春和龙笛，2008）。

（1）一源模型

一源模型将陆面看作单一均匀的大叶层，模型中对土壤和植被不作区分而进行地表能量平衡方程中地表净辐射（R_n）、土壤热通量（G）和显热通量（H）的估算。一源模型的代表算法包括 SEBAL（Surface Energy Balance Algorithm for Land；Bastiaanssen，

1998a，1998b；Tang et al.，2013）、METRIC（Allen et al.，2007；
Bhattarai et al.，2017）、SEBS（Surface Energy Balance System；Su，
2001，2002；Lu et al.，2013，2014）等。各种算法的主要区别是
显热通量（H）的确定。

显热通量（H）是指地表与大气能量交换的过程中用来加热或
冷却地表上方大气的能量，基于莫宁-奥布霍夫相似理论，显热通
量通常通过联合空气动力学温度（T_{aero}）与气温（T_a）之差与空气
动力学阻抗（r_a）得到：

$$H = \rho c_p (T_{aero} - T_a)/r_a = \rho c_p \frac{T_s - T_a}{r_a + r_{ex}} \tag{1.12}$$

式中，ρ 为空气密度（kg/m^3）；c_p 为定压比热 [J/（℃ ·
m^3）]；r_a 为空气动力学阻抗（s/m）。由于近地表空气动力学温
度（T_{aero}）较难获得，在模型应用中通常用遥感反演得到的地表温
度（T_s）来代替进行计算，则 r_{ex} 为考虑利用 T_s 代替 T_{aero} 时差异的
剩余阻抗（s/m）。

上式中，计算显热通量的关键为空气动力学阻抗的计算。空
气动力学阻抗受地表粗糙度（植被高度、植被结构等）、风速、大
气稳定度等因素的影响，是一个复杂的变量。相关研究已经提出
了估算空气动力学阻抗的多种方法（Seguin et al.，1983；Monteith，
1973），下式是最为常见的估算公式（Brutsaert，1982）：

$$r_a = \frac{\ln[(z_u - d)/z_{om} - \psi_m]\ln[(z_t - d)/z_{oh} - \psi_h]}{k^2 u} \tag{1.13}$$

式中，z_u 和 z_t 分别为风速和气温观测高度（m）；d 为零平面
位移（m）；z_{om} 和 z_{oh} 分别为动量传输和能量传输粗糙度长度（m）；

u 为风速（m/s）；k 为 Karman 常数；ψ_m 和 ψ_h 分别为动量传输和能量传输的大气稳定度函数，当大气处于中性稳定度的时候，$\psi_m = \psi_h$。

当大气处于稳定和非稳定状态时，采用莫宁-奥布霍夫长度（Monin and Obukhov，1954）来衡量大气的稳定度情况：

$$L = -\frac{u^{*3}\rho c_p T_a}{kgH} \qquad (1.14)$$

地表粗糙度是表征地面粗糙状况的特征长度，在估算地表显热的过程中起着重要的作用。Kustas et al.（1989）认为剩余阻抗 r_{ex} 与动量粗糙长度、热传输粗糙长度以及风速存在如下关系：

$$r_{ex} = \frac{kB^{-1}}{ku^*} = \ln\left(\frac{z_{om}}{z_{oh}}\right)/(ku^*) \qquad (1.15)$$

式中，kB^{-1} 是无量纲的比值，Verhoef et al.（1997）发现，kB^{-1} 对气象观测量和动量粗糙度长度的误差非常敏感，在裸土上可能会小于 0。

SEBAL 模型是典型的一源模型，由 Bastiaanssen（1998a，1998b）提出。该模型通过建立地气温差（空气动力学温度与空气温度的差异）与地表温度之间的线性关系，避开了空气动力学温度的求解：

$$dT = a + bT_s \qquad (1.16)$$

式中，dT 为地气温差；a，b 分别为利用干湿点特征进行回归得到的经验系数。

地气温差与地表温度线性关系的确定需要选择研究区内的"干点"和"湿点"，利用地表温度的空间信息进行拟合。通常，"干点"是指极干燥的没有植被覆盖的裸地，在遥感图像上通常表现为地表温度极高的点；而"湿点"是指土壤水分充足、植被浓密、蒸散发最大而显热通量为 0 的像元。

在"干点"处，潜热通量假定为 0。该像元的地气温差（dT_{dry}）可以通过求解一源整体空气动力学传输方程得到：

$$dT_{dry} = \frac{H_{dry} \times r_a}{\rho C_p} \tag{1.17}$$

式中，$H_{dry} = R_n - G$。

在"湿点"处，潜热通量等于 $R_n - G$，显热通量为 0，该像元的地气温差为 0（即 $dT_{wet} = 0$）。

SEBAL 模型已经在全球不同气候条件下的局地和流域尺度上得到了广泛的应用（Bastiaanssen et al.，2005；Singh et al.，2008；Teixeira et al.，2009）。在田间尺度上应用时，利用该模型估算日均蒸散发的精度为 85 % 左右，在季节尺度估算蒸散发的精度为 95 % 左右（Bastiaanssen，2000）。由于模型需要在感兴趣区（Area of interested, AOI）内进行"干点"和"湿点"的选取，针对 SEBAL 模型估算蒸散发受 AOI 和遥感像元分辨率大小影响的问题，Tang et al.（2013）利用不同大小研究区或不同大小像元之间所具有的地表特征参数的变化，结合地表能量平衡方程，构建各中间变量和净辐射、土壤热通量及显热通量之间的转换关系，建立了 ET 空间尺度效应分析的解析模型，有效地揭示了 SEBAL 模型中 ET 估算空间尺度效应的变化机制。邸苏闯等（2012）应用该模型估算了北京市城区绿地耗水情况，并分析了其空间格局分布。

SEBAL 模型在应用时需要较少的地面辅助数据，由于模型自身的校正功能，使得模型中地表温度的反演不需要严格的大气校正；但该模型需要保证研究区域内的"干点"和"湿点"的存在，其选取具有一定主观性。另外，该模型通常只适于平坦地区。

为了克服 SEBAL 模型应用于复杂地表时受限制的问题，Allen et al.（2005，2007）建立了 METRIC 模型。METRIC 模型主要对 SEBAL 模型"湿点"的参数化进行了改进：湿点处的显热通量不为 0，潜热通量用参考蒸散发来表示（$ET = 1.05\ ET_r$，ET_r 为参考蒸散发），而不是等于地表可利用能量，另外，"湿点"应选择在具有类似参考作物（紫花苜蓿）生理特征的环境中。

SEBS 模型是另一个应用非常广泛的一源模型，其发展的主要贡献是热量传输粗糙度长度估算公式的建立，用地表特征的函数而不是用固定值来表示反映动量粗糙度长度与热量粗糙度长度关系的参数 kB^{-1}，其实质是对阻抗的参数化。Su（2002）指出，为了考虑裸土和全植被覆盖之间的任何覆被情况，可以根据植被覆盖度的权重变化来估算相应的 kB^{-1}：

$$kB^{-1} = \frac{kC_d}{4C_t \dfrac{u_*}{u(h)}(1 - e^{-n_{ec}/2})}f_c^2 + 2f_c f_s \frac{k\dfrac{u_*}{u(h)}\dfrac{z_{0m}}{h}}{C_t^*} + kB_s^{-1}sf_s^2$$

$$(1.18)$$

式中，第 1 项针对完全植被覆盖条件，第 2 项用来描述植被与土壤之间的交互作用，第 3 项则针对裸土条件。

SEBS 模型已被应用于不同地表类型的地区（Van der Kwast et al.，2009；Gokmen et al.，2012）。Su et al.（2005，2007）利用实验站点数据对该模型精度进行了评价，得出其估算蒸散发的相对误差基本小于 15 %，估算精度与地表类型密切相关。Lu et al.（2013）基于千烟洲复杂下垫面地表的 MODIS 数据，评价了 SEBS

模型的内在稳定性。SEBS 模型相比 SEBAL 模型在理论上有所改进，但需要更多的输入数据。

基于地表能量平衡的一源模型主要适用于植被覆盖度较高的湿润地区，通常需要进行田间校正，使得模型的应用受到限制。

（2）二源模型

二源模型不需要准确的大气校正、传感器定标以及地表比辐射率的确定，也不需要剩余阻抗的估算，有着更为广泛的应用。

相对于蒸散发总量，土壤蒸发更明显地影响着土壤表层水气压亏缺情况，植被蒸腾对植被水分变化更加敏感，因此，土壤蒸发和植被蒸腾在气候变化研究、水文管理和提高水利用率等方面具有更实际的应用价值（Crow et al.，2008；Song et al.，2015；Tang and Li，2017c；Good et al.，2017）。二源模型中，对土壤和植被的显热通量交换分别考虑，地表显热通量是土壤与植被显热通量之和（Norman et al.，1995；Anderson et al.，2005；高彦春和龙迪，2008；Gan et al.，2019）。计算公式如下：

$$H = H_s + H_c \tag{1.19}$$

$$H_s = \rho c_p (\frac{T_s - T_0}{r_{as}}) \tag{1.20}$$

$$H_c = \rho c_p (\frac{T_c - T_0}{r_{ac}}) \tag{1.21}$$

$$R_{n,s} = H_s + LE_s + G \tag{1.22}$$

$$R_{n,c} = H_c + LE_c \tag{1.23}$$

式中，下标 s 和 c 分别代表土壤和植被组分；T_0 为空气动力学温度；T_s 和 T_c 分别是土壤和植被的温度，r_{as} 和 r_{ac} 分别是土壤和植被的边界层阻抗。

N95 模型是较早期发展的应用非常广泛的二源模型的代表，该模型由 Norman et al.（1995）发展来考虑地表辐射温度与空气动力学温度的差异对通量传输的影响，以及进行土壤和植被组分温度和能量通量的分离。基于 N95 模型，Anderson et al.（1997）根据上午 2 个时段地表温度上升速率和大气边界层增长模型，利用试验数据提出了 ALEXI（Two-Source Time Integrated Model）模型。ALEXI 模型不需要地面观测的气温数据，同时对大气校正和地表比辐射率等造成的地表温度的反演误差也不敏感。通过考虑部分植被覆盖条件下 N95 模型的不确定性，Kustas 和 Norman（1999）对 N95 模型做了进一步改进，改进模型中使用了更具物理机制的土壤和植被地表净辐射估算方法和简单的模型来考虑植被的聚集因子，同时改进模型中调整了 Priestley-Taylor 系数，并利用新的方法来进行土壤阻抗估算。再后来，通过将 N95 模型与 ALEXI 相结合，Norman et al.（2003）构建了 DISALEXI（Disaggregated ALEXI），实现了基于高空间分辨率和高时间分辨率数据区域 *ET* 的估算。Sun et al.（2009）通过对二源能量平衡方程的进一步简化和参数化，发展了简化的 Sim-ReSET 模型，该模型通过以干燥裸土为参照，并假定大气上边界层风速是同质的，避免了空气动力学阻抗的计算，简化了遥感估算 *ET* 的流程。

二源模型在理论上相比一源模型能更真实地刻画土壤-植被-大气系统中的水热交换机制，尤其估算植被覆盖稀疏地表的水热通量时具有明显优势。但是二源模型需要计算土壤和植被冠层与大气之间的水热交换阻抗以及冠层阻抗，而这些阻抗的计算需要植被结构、生理特征及土壤含水量等参数（Tourula and Heikinheimo,

1998），通常较难以利用遥感数据直接获取，成为二源模型应用于大尺度 *ET* 估算的主要问题。

1.2.2.3 基于地表温度-植被指数特征空间法

基于地表温度-植被指数（植被覆盖度）特征空间方法估算蒸散发最早可追溯于 Goward et al.（1985）提出的地表温度-植被指数（植被覆盖度）负相关关系。该相关关系随后也被广泛应用于土壤水分、土地利用或覆盖变化、干旱估算等方面的研究（Price，1990；Lambin and Ehrlich，1996；Gillies et al.，1997；Sandholt et al.，2002；Goward et al.，2002；Carlson，1995，2007；Wang et al.，2010；Sun et al.，2012；Peng et al.，2013；Garcia et al.，2014；Xiong et al.，2015；Zhao et al.，2017；Tagesson et al.，2018）。

在大气强迫相似条件下，当研究区内植被根区充分供水而表层相对土壤水分和植被覆盖度均在 0~1 全范围变化、去除云和地形效应对地表温度的影响时，地表温度-植被指数二维散点图将呈近似三角形的空间（Jiang and Islam，2003；Carlson，2013；Tang et al.，2015）；而当根区相对土壤水分也在 0~1 全范围变化时，三角形空间将进一步演变为梯形空间（Long and Singh，2012；Yang et al.，2015；Tang and Li，2017c）。三角形空间和梯形空间的形状由位于上边界的干边和位于下边界的湿边共同控制，2 种方法分别简称为"三角形空间法"和"梯形空间法"。

（1）三角形空间法

基于地表温度-植被覆盖度三角形空间，Jiang 和 Islam（1999）改进了 Priestley-Taylor 方程中的α因子，进行区域蒸散发和蒸发比（蒸散发与可利用能量的比值）的全遥感估算：

$$LE = \phi\left[(R_n - G)\frac{\Delta}{\Delta + \gamma}\right] \qquad (1.24)$$

式中，ϕ 为考虑空气动力学阻抗作用的综合参数。

求解 ϕ 参数需要对三角形空间内部像元进行双线性插值得到：其一，假定湿边上 ϕ 值随着植被覆盖度的变化而保持不变，一直为最大值 1.26（$\phi_{max} = 1.26$）；其二，假定干边最干燥裸土像元的 ϕ 为全局最小值（$\phi_{min} = 0$），干边上 ϕ 值随着植被覆盖度的增加而线性增加；其三，假定在某一给定的植被覆盖度情况下 ϕ 值随着植被覆盖度的增加而从 $\phi_{min,i}$ 到 $\phi_{max,i}$ 线性增加。

暗含在三角形特征空间内的假设包括：其一，土壤和植被对地表温度的影响不同，并且植被温度对表层或深层土壤水分变化不敏感，因此，在全植被覆盖地区，会形成特征空间的一个顶点；其二，三角形空间内地表温度的变化是由土壤可利用水分的变化所引起，而不是源于大气条件的不同。

特征空间中干边和湿边的确定是该方法应用的重要过程，它的精度也直接影响蒸散发的估算精度。前人研究（Jiang and Islam，1999；Stisen et al.，2008；Wang et al.，2006；Sun et al.，2008）通常利用经验回归或目视方法确定干湿边，或利用影像内像元最低地表温度或气温等得到湿边。这种确定方法易受异常点、理论干湿点（相对土壤水分不等于 0 或 1）不存在等影响，具有较大的主观性和不确定性，甚至造成高植被覆盖时湿边温度高于干边温度，严重影响蒸散发的估算精度。Tang et al.（2010）通过阈值设定和多次迭代运算，建立了三角形空间干湿边自动确定算法，该算法能自动剔除"伪"干点，与传统的简单经验回归法相比，该方法可使蒸散发反演误差降低约 40 %（Tomás et al.，2014）。

三角形特征空间法的优点是输入数据少，除地表温度、植被指数（植被覆盖度）遥感可获得的数据外，不需要其他辅助数据（Wang et al.，2017）；对蒸发比的估算也不需要可利用能量数据；该方法通过加入空间信息，避免了各种阻抗的计算。存在的问题是：研究区需要近似相同的大气条件；需要存在不同植被覆盖度条件下的大量像元；干湿边的确定具有较大的不确定性。

（2）梯形空间法

Moran et al.（1994，1996）通过假定作物水分亏缺指数在梯形空间湿边和干边之间随着地表温度的升高而在 0～1 线性变化，并结合潜在蒸散发的计算，提出了区域地表蒸散发估算的"梯形空间法"。因此，不同于三角形空间法假定根区土壤供水充足，植被处于潜在蒸发（Jiang and Islam，2003；Carlson，2013；Nishida et al.，2003），梯形空间法中根区相对土壤水分也在 0～1 全范围变化。梯形空间内任意一点的缺水状况可采用水分亏缺指数（WDI）表达，根据能量平衡原理利用 WDI 可计算得到实际蒸散发。

梯形空间法需要地面观测的水汽压、气温、风速、阻抗等信息作为输入。梯形空间有 4 个极限端元：其一，供水充足的全植被覆盖端元；其二，缺水状态下的全植被覆盖端元；其三，饱和裸土端元；其四，干燥裸土端元。

Zhang et al.（2008）以及 Long 和 Singh（2012）根据梯形空间中土壤等值线原理分别提出了土壤与植被蒸散发分离的二源模型，模型中土壤蒸发和植被蒸腾均被认为随着土壤含水量的变化而变化，并假定表层土壤水分（控制土壤蒸发）和植被根区土壤水分（控制植被蒸腾）同步变化。然而，此种假设与实际自然环境中土壤水分的变化（受重力作用及侧向补给作用，表层土壤水分的干燥快于根区土壤水分）不相符，造成分离出来的土壤蒸发比和植被蒸腾比相等。在不同的极限端元温度计算方法基础上，Sun（2016）、Tang（2015）和 Li（2017c）分别进一步提出了基于梯形空间的土壤蒸发和植被蒸腾"两段分离"模型，即当土壤蒸发受到水分约束时，植被仍然一直处于潜在蒸腾状态，而当植被蒸腾受到水分约束时，土壤蒸发为 0（Carlson，2013）。"两段分离"梯形模型解决了传统分离方法对表层与根区土壤水分变化解译不合理、土壤与植被温度分解精度低等问题，同时使三角形空间与梯形空间成功衔接起来，保持了两种空间在所涉物理概念、成因以及地表蒸散发反演方面的连贯性和一致性。

梯形特征空间中干湿边的确定主要有经验回归法和基于Penman-Monteith 方程或地表能量平衡原理的理论计算方法。经验回归法具有简单、易用、可操作性强等优势，但由于其受限于遥感观测数据本身，具有一定主观性和不确定性。理论计算法能得到具有物理意义的真实干湿边或极限端元温度（Moran et al.，1994；Nishida et al.，2003；Long and Singh，2012；Yang and Shang，2013；Sun，2016；Sun et al.，2017；Tang and Li，2017c），但该类方法需要近地面气象和植被数据的辅助。

相比于三角形空间，梯形空间不需要大量像元存在的条件，而且梯形空间不仅可实现混合像元地表蒸散发的反演，还可进行土壤蒸发与植被蒸腾的分离。但是，梯形空间中需要相对较多的地表观测数据辅助，这一定程度上限制了它的广泛应用。

通过干湿边或极限端元的确定，三角形或梯形空间将中间状态像元的地表蒸散发表达为极限端元地表温度或蒸散发的函数，有效避免了部分植被覆盖情况下地表阻抗难以准确计算的问题，显示出巨大的优势。

1.2.2.4 基于时间信息的估算方法

基于遥感反演 *ET* 模型目前大部分基于瞬时地表参数信息，但是瞬时地表参数存在很多不确定性，容易对 *ET* 估算结果造成误差。地表参数的时间变化包含大量的地表通量相关信息（Caparrini et al.，2003），因此，深入挖掘这些参数的时间信息有助于蒸散发过程准确估算。

基于地表温度和气温的时间变化信息，Norman et al. (2000) 提出了需要较少地面观测数据而且不需要进行模拟大气边界层演变过程的 DTD 模型来估算地表潜热和显热通量，该模型比其他二源模型更为简单。卢静（2014）利用地表温度、气温、净辐射在一天内连续观测数据，将地表通量简化为一天内保持不变的常参数和地表温度与气温的函数，该方法不需要进行地表阻抗计算；同时基于蒸发比在白天相对稳定的性质，发展了一种利用地表温度、气温与净辐射的时间变化来直接确定日蒸发比的方法。Sadeghi et al.（2017）和 Babaeian et al.（2018）基于长时间序列转换后的短波红外反射率数据和归一化植被指数（NDVI）提出了一个光学梯形空间模型，成功用于较高空间分辨率（与热红外数据相比）地表土壤水分的遥感反演。

1.2.2.5 数据同化法

数据同化技术是利用所有可利用信息准确地估算所需变量

（Talagrand，1997；Bouttier and Courtier，1999；Carter and Liang，2019）。所有的数据同化方法基本都可以看作是统计线性估算的近似。

数据同化系统通常由3个部分组成（Robinson et al.，2000）：其一，观测；其二，动力模型；其三，数据同化方法。数据同化技术估算蒸散发的原理就是在基本的物理约束条件下通过调整某变量降低模型与蒸散发相关观测的不匹配度。数据同化方法的选择实质上是需要在以下要素中达到平衡：充分利用所有可利用的信息、计算效率、灵活性与鲁棒性。

利用数据同化技术估算蒸散发具有如下优点：其一，同化过程不仅输出蒸散发值，还可以输出与其相关的中间变量；其二，能够得到连续时空范围、更高时间和空间分辨率的通量信息；其三，能够充分利用多源信息进行蒸散发估算。同化技术的主要问题是由于依赖于需要大量大气强迫数据的数值模型，因而需要更高的计算要求（Mclaughlin et al.，2006；Kumar et al.，2008）。

1.2.3　遥感瞬时蒸散发时间尺度扩展方法

前述的大部分遥感 *ET* 模型得到的都只是卫星过境时刻的瞬时 *ET* 值，需要通过时间尺度扩展方法对瞬时 *ET* 值扩展得到日尺度或更长时间尺度的 *ET* 值。由于长时间尺度 *ET* 可通过日尺度 *ET* 得到，本研究主要采用瞬时 *ET* 值的日尺度扩展方法。

由于陆地表面一天中的地表能量收支过程中部分能量比例保持不变，如果已知其中部分能量通量值，通过比例关系就可得到一整天的蒸散发值（Shuttleworth，1989）。除了能量收支比例保持不变外，一些与蒸散发密切相关的变量（如参考蒸散发、地表阻抗等）也在一天中也保持不变或以一定规律变化。基于这一规律，已发展了许多瞬时蒸散发时间尺度扩展方法。这些扩展方法通过假设与蒸散发密切相关的变量和蒸散发的比值（记作扩展因子）在一天中保持不变或以一定规律变化，即假定卫星过境时刻的扩展因子（如蒸发比、参考蒸发比等）与白天或日尺度的扩展因子相等（Gentine et al.，2007；Delogu et al.，2012a；Hou et al.，2014；王桐 等，2017；Wandera et al.，2017），结合日尺度相关变量进行日尺度蒸散发估算。另外，其他参数如表征地表-大气交互作用程度的解耦系数等也被尝试用来进行瞬时蒸散发时间尺度扩展（Tang and Li，2017b）。

典型的遥感瞬时蒸散发时间尺度扩展方法主要包括：正弦函数法、蒸发比恒定法、参考蒸发比恒定法、地表阻抗恒定法、太阳辐射比恒定法和新发展的解耦因子恒定法（Tang and Li，2017b）等。下面具体介绍各种方法。

1.2.3.1 正弦函数法

正弦函数法是假定地表蒸散发与入射太阳辐射具有相同的日内变化特征，即在晴空无云条件下均呈正弦函数变化（Jackson et al.，1983；Crago，1996），从而实现瞬时蒸散发到日尺度蒸散发扩展的方法（Zhang and Lemeur，1995）。晴天状况下瞬时太阳辐射 R_{si} 可表示为：

$$R_{si} = S_m \sin(\pi t/N) \tag{1.25}$$

式中，S_m 为正午时刻最大太阳辐射（W/m^2）；t 为瞬时时间；N 为白天时长。通过对瞬时太阳辐射值积分获得日尺度太阳辐射值，为：

$$R_{sd} = \int_0^N S_m \sin(\pi t/N)\,dt = (2N/\pi)S_m \qquad (1.26)$$

正弦函数法假定地表蒸散发与入射太阳辐射日内变化特征相同，结合式（1.25）和式（1.26）得到：

$$ET_d/ET_i = R_{sd}/R_{si} = 2N/[\pi\sin(\pi t/N)] \qquad (1.27)$$

则日尺度蒸散发值可通过下列公式得到：

$$ET_d = ET_i\{2N/[\pi\sin(\pi t/N)]\} \qquad (1.28)$$

式中，下标 d 和 i 分别表示日尺度值和瞬时尺度值，如果没有特殊说明，后面章节中 d 和 i 均表示日尺度值和瞬时尺度值。白天时长 N 通过下面公式计算得到：

$$N = 0.945\{a + b\sin^2[\pi(D + 10)/365]\} \qquad (1.29a)$$

$$a = 12 - 5.69 \times 10^{-2}\lambda - 2.02 \times 10^{-4}\lambda^2 +$$
$$8.25 \times 10^{-6}\lambda^3 - 3.15 \times 10^{-7}\lambda^4 \qquad (1.29b)$$

$$b = 0.123\lambda - 3.1 \times 10^{-4}\lambda^2 + 8 \times 10^{-7}\lambda^3 + 4.99 \times 10^{-7}\lambda^4$$
$$(1.29c)$$

式中，D 为一年中的天数，λ 为地理纬度。

正弦函数法输入简单，已知地理纬度 λ 和一年中的时间 D 通过瞬时遥感 ET 便可得到日尺度 ET 值。除去邻近日出和日落时刻，正弦函数能够较好地估算入射太阳辐射的日变化。Zhang 和 Lemeur（1995）通过引入相关参数，考虑地理纬度、太阳赤纬和云量对太阳辐射日变化的影响，对正弦函数做了重新修正。该方法与太阳辐射密切相关，在白天晴天状况下或云量保持恒定不变时利用该方法可以得到较好的结果（Jackson et al., 1983；Zhang and Lemeur, 1995；Colaizzi et al., 2006）；但当有云存在时，需要考虑云量及其时间变化（Jackson et al.，1977）。

1.2.3.2 蒸发比恒定法

蒸发比（*EF*）定义为潜热通量（*LE*）与可利用能量（$R_n - G$）的比值，即表示地表可利用能量中用于蒸散的能量部分所占的比例。最早在 FILE 实验中，Shuttleworth et al.（1989）利用晴空无云条件下 FIFE（First ISLSCP Field Experiment）试验观测的 20 个站点的平均通量数据，发现中午 12:00—14:00 的蒸发比与白天 9:00—17:00 的平均值具有很好的一致性。Brutsaert 和 Sugita（1992）研究了潜热通量与地表其他各通量的比值在一天中的变化情况，发现潜热通量与可利用能量、净辐射和入射短波辐射的比值在一天中稳定性较好。

蒸发比恒定法时间尺度扩展方法中，在已知日尺度地表可利用能量的情况下，假定白天蒸发比保持不变，通过卫星过境时刻蒸发比和日尺度地表可利用能量估算得到日尺度 *ET*：

$$ET_d = (R_n - G)_d \times EF_i = (R_n - G)_d \frac{ET_i}{(R_n - G)_i} \qquad (1.30)$$

研究者（Gurney and Hsu，1990；Sugita and Brutsaert，1991；Brutsaert and Sugita，1992；Crago，1996）基于地面观测数据，集中开展了利用地表可利用能量构建日尺度扩展因子（即蒸发比不变法），进行遥感瞬时蒸散发日尺度扩展的可行性探讨。例如，基于 Penman-Monteith（PM）方程、空气动力学水热传输方程和土壤-植被-大气传输（SVAT）物理模型等，研究了蒸发比在白天保持相对稳定的物理机制及其日内变化过程与环境参数的关系，并认为蒸发比的全天稳定性受环境影响较大。同时，大量研究已证明晴天状况下的正午时刻蒸发比与日均蒸发比之间有着很强的相关性（Nichols and Cuenca, 1993; Chávez, 2008; Tang et al., 2013）。但也有研究发现蒸发比在一天中并非保持不变，而是受一系列因素综合影响（气象条件、土壤湿度、地形、生理条件、云量和温湿平流）而发生变化（Crago, 1996）。通过数学理论推导和数值模拟方法，Crago（1996）、Hoedjes et al.（2008）和 Gentine et al.（2011）等研究者发现在不同的晴空大气强迫条件下，蒸发比在一天中的变化可能呈凹型曲线、水平线、抛物线等多种表现形式。

由于简单易用，精度较高，并且在有云条件下有一定可行性（Zhang and Lemeur, 1995），蒸发比方法成为目前研究最多、应用最广的遥感瞬时蒸散发时间尺度扩展方法（Kustas et al., 1993; Farah et al., 2004; Shuttleworth et al., 1989; Hoedjes et al., 2008; Farah et al., 2004; Courault et al., 2005; Colaizzi et al., 2006; Gao et al., 2009; Jia et al., 2009; Galleguillos et al., 2011; Tang and Li, 2017b）。蒸发比恒定法也被应用于很多 *ET* 估算模型（例如 SEBAL 模型）进行日尺度蒸散发的估算（Chemin and Alexandridis, 2001）。

蒸发比恒定法更适合于开展瞬时蒸散发的白天尺度扩展，而非日尺度蒸散发的扩展，主要是由于蒸发比在白天总体上保持相对恒定，在夜晚并无明显的稳定不变特性（Crago, 1996; Zhang and Lemeur, 1995）。利用蒸发比不变法会低估（低估 10 % ~ 20 %）白天或日尺度蒸散发的现象在很多研究中均有指出（Allen et al., 2007; Gentine et al., 2007, 2011; Hoedjes et al., 2008;

Van Niel et al., 2012；Delogu et al., 2012a；Ryu et al., 2012；
Tang et al., 2013），然而，部分研究同时也发现，利用蒸发比不变
法可能会高估白天或日尺度的蒸散发（Farah et al., 2004；Nichols
and Cuenca, 1993）。研究者们尝试运用多种方法来改进和提升蒸
发比法恒定法的扩展精度。例如 Chemin 和 Alexandridis（2001）通
过假设土壤热通量日均值为 0 来减小计算日尺度蒸散发时因土壤热
通量精度不够带来的误差；Niel et al.（2011）在扩展过程中引入
了白天与全天 2 个不同时间尺度的蒸散发、地表可利用能量和蒸发
比之间差异的修正系数来修正利用该方法扩展时的偏差；Delogu
et al.（2012a）通过下行短波辐射和相对湿度来计算蒸发比，解决
了蒸发比日内变化呈凹形曲线导致的正午时刻扩展值偏低的问题，
使得该方法的低估程度从 15.8 % 降至 6.5 %；另有一些学者尝试
引入经验系数（1.1 左右，不同研究、季节及气候区有所不同）对
蒸发比法日尺度扩展结果进行校正（Brutsaert and Sugita, 1992；
Gómez et al., 2005；Chávez et al., 2008；Van Niel et al., 2011），
主要用以考虑夜晚蒸散发的贡献和正午时刻的低估：

$$EF = 1.1 \frac{LE_i}{(R_n - G)_i} \tag{1.31}$$

另外，需要注意的是利用蒸发比恒定法进行瞬时蒸散发时间
尺度扩展，无法有效考虑水平平流和大气环境参数（如风速、水
汽压亏缺）变化对蒸散发日变化过程的影响。

1.2.3.3 参考蒸发比恒定法

参考蒸发比（EF_r）是像元实际蒸散发与参考蒸散发的比值，
与传统的作物系数 K_c 类似，都表示给定作物 ET 与参考作物 ET 的

比值。但 K_c 只反映无水分亏缺状态下不同发育期中的需水量，而 EF_r 是反映了实际作物管理和环境状况的具有空间信息的 K_c 值（Allen et al.，1998）。EF_r 的取值范围一般为 0~1，极干燥地表其值为 0，灌溉后极湿润地表其值略大于 1（Allen et al.，2007）。EF_r 表达式为：

$$EF_r = \frac{ET}{ET_r} \tag{1.32}$$

参考蒸发比（EF_r）恒定法假定瞬时参考蒸发比与日尺度值相等，即：

$$EF_r = \frac{ET_i}{ET_{ri}} = \frac{ET_d}{ET_{rd}} \tag{1.33}$$

因此，日尺度蒸散发值可由下式得到：

$$ET_d = (EF_r)(ET_{rd}) = (ET_i/ET_{ri})(ET_{rd}) \tag{1.34}$$

以上公式中参考蒸散发通常基于供水充分的作物参考面，利用 Penman-Moenteith 方程计算得到。假定参考作物高度 0.12 m，白天阻抗为 50 s/m，夜晚阻抗 200 s/m，反射率 0.23（Allen et al.，1998，2006；ASCE-EWRI，2005）。表达式为：

$$ET_r = \frac{0.408\Delta(R_n - G) + \gamma \dfrac{C_n}{T_a + 273} u_2(e_s - e_a)}{\Delta + \gamma(1 + C_d u_2)} \tag{1.35}$$

式中，Δ 是饱和水汽压对温度的导数（kPa/℃）；R_n 为地表净辐射（W/m²）；G 是土壤热通量（W/m²）；γ 是干湿球温度计常数（kPa/℃）；C_n 值在日尺度为 900，小时尺度为 37；e_s-e_a 为水汽压亏损（kPa）；T_a 为大气温度（℃）；C_d 在白天时为 0.24，夜晚时为 0.96；u_2 为 2 m 高度处的风速（m/s）。日尺度参考蒸散发值可通过式（1.35）中相应参数为日尺度值时得到，也可通过累计的 1 h（0.5 h）参考蒸散发值得到。

由于参考蒸散发的计算需要随时间变化的大气强迫信息作为输入，利用该方法进行蒸散发的时间尺度扩展，能够更为有效地考虑水平平流和大气强迫的变化对蒸散发日内过程的影响（Trezza，2002；Allen et al.，2007；Liu et al.，2012）。但同时由于该方法需要近地面气温、风速、水汽压亏缺、太阳辐射等数据作为输入进行参考蒸散发的计算，在资料缺乏或无资料地区的应用具有很大的限制和不确定性（Todorovic，1999；Lecina et al.，2003；Perez et al.，2006；Tang et al.，2017a）。为了克服该方法的应用困难，近些年来研究者尝试利用再分析气象数据等进行参考蒸散发的计算。Ishak et al.（2010），Tian 和 Martinez（2012）分别利用气象预测模型（Weather Prediction Models）和全球气候模型（Global Climate Model）降尺度转化得到近地表气温、相对湿度等多种气象参数，其相对误差小于 20 %。一些研究利用机器学习算法在气象参数获取困难时计算得到参考蒸散发（Feng et al.，2016；Pham et al.，2016），其均方根误差为 0.3 mm/d 左右。Tang et al.（2015）发展了一种只需要少量天气预报信息（包括日最高和低温、太阳辐射、风速等）进行参考蒸散发计算的方法，从而利用该扩展方法进行瞬时 ET 的日尺度扩展，估算得到的日 ET 值的均方根误差小于 0.7 mm/d。

1.2.3.4　太阳辐射比恒定法

与正弦函数法类似，太阳辐射比恒定法以大气层顶太阳辐射（Ryu et al.，2012）、净辐射（Brutsaert and Sugita，1992）等的变化特征为基础进行瞬时蒸散发时间尺度扩展。一般地，太阳辐射比 R_p 表达式为：

$$R_p = LE_i/R_{p,i} \tag{1.36}$$

式中，R_p 为太阳辐射比。日尺度或小时尺度或者更小时间尺度大气层顶太阳辐射可通过太阳常数、地理纬度、太阳赤纬、DOY 等来估算：

$$R_{p,i} = \frac{1\,440}{\pi} G_{sc} d_r \{ (\omega_2 - \omega_1)\sin(\varphi)\sin(\delta) +$$

$$\cos(\varphi)\cos(\delta)[\sin(\omega_2) - \sin(\omega_1)]\} \tag{1.37a}$$

$$R_{p,d} = \frac{1\,440}{\pi} G_{sc} d_r [\omega_s \sin(\varphi)\sin(\delta) + \cos(\varphi)\cos(\delta)\sin(\omega_s)]$$

$$\tag{1.37b}$$

式中，G_{sc} 为太阳常数 0.082 MJ/（$m^2 \cdot min$）；d_r 为相对日地距离的倒数，w_s 为日落时角；j 为纬度；d 为太阳赤纬；w_1 是 1 h（或更短）尺度开始时的太阳时角；w_2 是结束时的太阳时角。则日蒸散发可由下式求得：

$$ET_d = (R_{p,d}/R_{p,i})ET_i \tag{1.38}$$

Ryu et al.（2012）采用该方法估算了 8 d 的平均蒸散发值，通过不同气候区，不同植被类型的观测数据验证，表明该方法是一种非常稳健的时间尺度扩展方法，并且所需要参数较少，可用于大区域蒸散发估算。但由于夜晚近地表太阳短波辐射极小（近似为 0），利用太阳辐射变化特征的扩展方法无法有效地考虑夜晚蒸散发对日尺度蒸散发的贡献。

1.2.3.5 地表阻抗恒定法

地表阻抗恒定法假定瞬时与日尺度的地表阻抗（或由空气动

力学阻抗与地表阻抗共同构建的变量）相等，直接将由遥感数据计算得到的瞬时地表阻抗（或构建的变量）代入 Penman-Monteith 方程，并结合日尺度地面气象观测数据，求得日尺度地表蒸散发（熊隽 等，2008；刘国水 等，2011；杨永民，2014）。

地表阻抗恒定法中瞬时地表阻抗（或所构建的变量）通过利用遥感反演的瞬时蒸散发，结合瞬时（一般为 30 min 平均值）地面气象观测数据，根据 Penman-Monteith 方程反算得到。

Xu et al.（2015）提出有云状况下，瞬时地表阻抗（或所构建的变量）可通过以下方程得到：

$$r_{s\_cld} = \frac{LAI_{clr} \times r_{s\_clr}}{LAI_{cld} \times m(T_{\min}) \times m(VPD)} \tag{1.39}$$

式中，r_{s_cld} 和 r_{s_clr} 分别为有云和晴天状况下的地表阻抗（s/m）；LAI_{cld} 和 LAI_{clr} 分别为有云和晴天状况下的叶面积指数（m^2/m^2）；$m(T_{\min})$ 和 $m(VPD)$ 基于不同地表类型而不同。

与参考蒸发比恒定法类似，地表阻抗恒定法也需要地面可利用能量、水汽压亏缺、气温、风速等作为输入，并能够考虑水平平流和大气强迫的变化对蒸散发日内变化过程的影响。如何获取精确的近地面数据，同样是该方法在大面积应用时需要解决的主要问题之一。同时，由于地表阻抗易受温度、辐射、湿度、水汽压亏缺等因素的影响，该方法中假定地表阻抗（或所构建的变量）在日内不变的合理性，尚需进一步的深入研究（Allen et al.，1998）。

1.2.3.6 解耦因子恒定法

利用解耦因子在日内保持较为稳定的特征，基于 Penman-

Monteith 方程的变换形式，Tang 和 Li（2017b）提出了解耦因子恒定法时间尺度扩展方法。

Penman-Monteith 方程的变换形式可表示为：

$$ET = \alpha \frac{\Delta}{\Delta + \gamma}(R_n - G) \tag{1.40}$$

$$\alpha = \Omega/\Omega^* \tag{1.41a}$$

$$\Omega = \frac{1}{1 + \dfrac{\gamma}{\Delta + \gamma}\dfrac{r_c}{r_a}} \tag{1.41b}$$

$$\Omega^* = \frac{1}{1 + \dfrac{\gamma}{\Delta + \gamma}\dfrac{r^*}{r_a}} \tag{1.41c}$$

$$r^* = \frac{(\Delta + \gamma)\rho C_p VPD}{\Delta\gamma(R_n - G)} \tag{1.41d}$$

式中，Δ 为饱和水汽压对温度的斜率（kPa/℃）；R_n 为地表净辐射（W/m²），G 为土壤热通量（W/m²）；g 为干湿球常数（kPa/℃）；r_c 为表面阻抗（s/m）；r_a 为空气动力学阻抗（s/m）；r^* 为 LE 等于平衡蒸散发时的临界地表阻抗（s/m）；ρ 为空气密度（kg/m³）；C_p 为定压比热［J/（℃·m³）］；VPD 为饱和水汽压差（kPa）。

将 Penman-Monteith 变换方程应用至瞬时尺度和日尺度，可分别得到瞬时尺度和日尺度蒸散发的计算公式：

$$ET_i = \alpha_i \frac{\Delta_i}{\Delta_i + \gamma}(R_n - G)_i \tag{1.42a}$$

$$ET_d = \alpha_d \frac{\Delta_d}{\Delta_d + \gamma}(R_n - G)_d \tag{1.42b}$$

结合上述瞬时尺度和日尺度蒸散发的计算公式可得到解耦因子恒定法中日尺度 ET 的估算模型：

$$ET_d = \frac{ET_i}{(R_n - G)_i}(R_n - G)_d \frac{\Delta_d}{\Delta_d + \gamma} \frac{\Delta_i + \gamma}{\Delta_i} \frac{\alpha_d}{\alpha_i} =$$

$$\frac{ET_i}{(R_n - G)_i}(R_n - G)_d \frac{\Delta_d}{\Delta_d + \gamma} \frac{\Delta_i + \gamma}{\Delta_i} \frac{\Omega_i^*}{\Omega_d^*} \frac{\Omega_d}{\Omega_i} \qquad (1.43)$$

为了减小日尺度 ET 估算模型的复杂性，式（1.43）中假定 $\Omega_d = \Omega_i$，可将解耦因子恒定法得到的日尺度 ET 估算模型表示为蒸发比恒定时间尺度扩展方法改进后的表达形式：

$$ET_d = \frac{ET_i}{(R_n - G)_i}(R_n - G)_d \frac{\Delta_d}{\Delta_d + \gamma} \frac{\Delta_i + \gamma}{\Delta_i} \frac{\Omega_i^*}{\Omega_d^*} =$$

$$(ET_d)_{conv} \frac{\Delta_d}{\Delta_d + \gamma} \frac{\Delta_i + \gamma}{\Delta_i} \frac{\Omega_i^*}{\Omega_d^*} \qquad (1.44)$$

式中，$(ET_d)_{conv}$ 为传统蒸发比恒定时间尺度扩展方法得到的日尺度 ET。

解耦因子恒定法主要通过 Penman-Monteith 方程的变换形式，利用解耦因子在日内保持较为稳定的特征进行瞬时蒸散发时间尺度扩展，考虑了传统蒸散发恒定时间尺度扩展方法中的忽略项，可避免或减少传统蒸发比恒定法对日尺度蒸散发的低估问题，得到更加准确的日尺度蒸散发值。另外，该方法也能够考虑水平平流和大气强迫的变化对蒸散发日内变化过程的影响。

1.2.3.7　不同时间尺度扩展方法的比较

目前，各种遥感反演瞬时蒸散发的时间尺度扩展方法都得到了一定程度的应用。前人针对上述各种时间尺度扩展方法的性能开展了许多对比研究（Brutsaert and Sugita，1992；Colaizzi et al.，

2006；夏浩铭 等，2015）。在相同研究区，根据相同地面通量验证数据，对比不同时间尺度扩展方法，可得到不同方法的优劣；在不同研究区，采用相同的时间尺度扩展方法，在保证地面验证数据准确的情况下，可获得该方法在不同区域的适应性。

不同的时间尺度扩展方法应用于不同季节精度存在一定的差异。例如，Xu et al.（2015）对比了5种时间尺度扩展方法，发现太阳辐射比值恒定法在非作物生长季内估算精度最高，而参考蒸发比恒定法在作物的生长季内估算精度最高。在长时间序列的估算中可结合不同方法的优点使用。不同尺度的地面观测数据也会影响时间尺度扩展方法，因为不同尺度地面观测数据会影响遥感瞬时蒸散发的估算。

总体来说，各种时间尺度扩展方法应用于植被覆盖区的结果好于裸土区。对于相同下垫面，采用不同瞬时时刻进行扩展，结果差异也较大，在植被覆盖区，各种时间尺度扩展方法估算精度由高到低依次是参考蒸发比恒定法、地表阻抗恒定法，精度最低的是正弦函数法和蒸发比恒定法。正午时刻及其正午前后为时间尺度扩展的最佳时刻。对于大区域蒸散发的估算推荐采用太阳辐射比恒定法，研究表明该方法稳定性较好，可用于大区域蒸散发的估算（Ryu et al.，2012）。对于局部小区域蒸散发的估算推荐参考蒸发比恒定法，解耦因子恒定法或地表阻抗恒定法，因为这几个方法能够不受气象因素的影响，还能将日间对流和气象信息（风速、湿度等）融入日蒸散量的反演（Delogu et al.，2012b）。

1.2.3.8 蒸散发时间尺度扩展存在的问题

综上所述，目前已经发展了多种各具特点的瞬时蒸散发时间尺度扩展方法，这些方法得到了广泛的应用与发展，但是都存在不同程度的局限性和一定的问题。

各种时间尺度扩展方法本身存在不同程度的抽象、简化和经验性，导致各种时间尺度扩展方法本身具有一定的不确定性。正弦函数法和蒸发比恒定法只适用于晴天，蒸发比恒定法和辐射能量比不变法的物理基础不严密，并且蒸发比恒定法存在较为严重的低估现象；参考蒸发比恒定法虽融入气象参数，但各参数的不确定性将对参考蒸散发的计算产生较大累积误差；解耦因子恒定法或者地表阻抗恒定法虽然虽有较强的理论基础，但所需参数较多，参数的获取使其应用受到限制。

另一个主要问题是目前绝大多数扩展方法都仅能在晴空条件下保证较高的扩展精度，并没有适合所有天气状况尤其是有云条件下的稳健方法。而在实际应用中，完全晴空条件是很难满足的，自然天气中很多时间为有云天气，有研究表明湿润地区的云覆盖率甚至超过 60 %（Bussieres and Goita，1997）。云的出现会显著降低地表接收的太阳短波辐射及可利用能量，进而使得地表蒸散发降低，直接影响着地表蒸散发及扩展因子的日内变化过程（Suigita and Brutsaert，1991；Zhang and Lemeur，1995；Xu et al.，2015）。在此条件下，直接应用卫星过境瞬时遥感反演得到的扩展因子来代替白天或日尺度的扩展因子进行时间尺度扩展，则会带来不同程度的误差。

Tang et al.（2013）比较分析了蒸发比恒定法、参考蒸发比恒定法、大气层顶太阳辐射等方法在晴天和有云天气情况下进行瞬时蒸散发时间尺度扩展的表现。研究得出在晴天状况下，地表各能量通量在晴天为光滑曲线，而在有云状况下，净辐射下降，曲线不光滑，从而影响瞬时蒸散发的时间尺度扩展结果。一些研究也表明（Rowntree，1991；Crago，1996），蒸发比在地表可利用能量较低（如早晨、傍晚和冬季）时对云的影响极其敏感。在已有研究中，Ryu et al.（2012）曾提出基于蒸散发与大气层顶太阳辐射的比值作为扩展因子，开展遥感反演瞬时蒸散发的日尺度扩展。由于大气层顶太阳辐射与云无关，因此，在有云条件下，利用 Ryu et al.（2012）的方法进行瞬时蒸散发的日尺度扩展可能会存在较为严重的误差。类似地，Jackson et al.（1983）假定白天蒸散发呈正弦关系变化进行遥感反演瞬时蒸散发的日尺度扩展，也无法考虑云对蒸散发日变化过程的影响。Van Niel（2012）也指出仅考虑晴天的时间尺度扩展方法在实际研究中并不能总是满足，并探讨了对遥感瞬时蒸散发进行尺度扩展时仅扩展时刻为晴天的可行性，但要考虑云量和持续时间对蒸散发的影响。因此，如何有效考虑云对各蒸散发尺度扩展方法中变量的影响，成为蒸散发时间尺度扩展亟须解决的问题之一。

不同的云现时间、云层厚度以及持续时间对地表可利用能量与蒸散发等的变化幅度影响不同。例如，早上和傍晚出现云、薄云和短时过境云，对给定像元日尺度的地表蒸散发影响较小，而正午出现云、厚云和缓慢移动云则对日尺度的蒸散发影响显著，研究表明正午时刻云的出现会显著降低蒸发比法、参考蒸发比法和基于太阳辐射尺度扩展方法的性能，各扩展方法的精度仅为完全晴空条件下的 50 %。

因此，在现有研究的基础上深入分析地表蒸散发时间尺度扩展的物理机理，考虑不同云特征（云现时间、云层厚度以及持续时间）对遥感反演瞬时蒸散发时间尺度扩展的影响，开展多种天气条件下（完全晴空、卫星过境时刻无云而其他时刻部分有云、卫星过境时刻有云）蒸散发的时间尺度扩展研究，发展精度更高、更稳定的时间尺度扩展方法对于蒸散发研究具有极为重要的意义。

1.3 研究目标、内容和结构

1.3.1 研究目标

本研究以多种天气条件下（全天无云、卫星过境时刻无云和卫星过境时刻有云）日尺度 *ET* 估算为研究对象，通过系统深入地分析瞬时蒸散发日尺度扩展所涉及的物理机理，发展不同天气状况下的瞬时蒸散发日尺度扩展新方法，提升日尺度蒸散发遥感估算精度和实用化程度。

1.3.2 主要研究内容

在地表蒸散发日内或日间变化规律及影响机制研究的基础上，分别开展在全天无云、卫星过境时刻无云（其他时刻部分有云）和卫星过境时刻有云 3 种天气状况下的瞬时蒸散发日尺度扩展（或日尺度蒸散发直接估算）方法研究。

1.3.2.1 全天无云条件下时间尺度扩展方法研究

瞬时蒸散发的准确估算是利用时间尺度扩展方法得到高精度日尺度蒸散发的前提。相对蒸散发总量，土壤蒸发和植被蒸腾在灌溉、水文管理等应用中具有更实际的应用价值，因此，研究首先利用2种端元模型进行了瞬时土壤蒸发和植被蒸腾的估算；然后利用蒸发比恒定法对2种模型得到的瞬时蒸散发进行时间尺度扩展得到日尺度蒸散发，分析瞬时蒸散发估算对日尺度蒸散发扩展的影响。

由于不同遥感模型估算瞬时蒸散发精度不同，增加了日尺度蒸散发估算的不确定性，研究利用解耦因子在日内较为稳定的特征，探索了基于 Decouple 模型直接估算日尺度蒸散发的方法，并通过禹城站点气象数据和 MODIS 数据对该方法进行了验证。

1.3.2.2 卫星过境时刻无云其他时刻有云条件下时间尺度扩展方法研究

在卫星过境时刻无云其他时刻部分有云的条件下，研究利用土壤-植被-大气能量转换与传输模型模拟地表蒸散发及其主要控制或表征因子在不同云特征（云现时间、云层厚度、持续时间）情形下的变化规律，分析不同时间尺度扩展方法（时间尺度扩展因子）受云影响的程度。根据地表蒸散发与扩展变量比值的稳态特性，探求受云影响最小的时间尺度扩展因子；通过扩展结果与实测蒸散发值比较，探求受云影响最小的时间尺度扩展方法。

1.3.2.3 卫星过境时刻有云条件下时间尺度扩展方法研究

研究利用土壤可利用水比率与地表潜在蒸散发比之间关系的稳定性，同时卫星过境时刻有云条件下的土壤蓄水量通过相邻晴天土壤含水量减去蒸散量计算得到，提出了卫星过境时刻有云条件下的日尺度蒸散发估算方法，并利用美洲通量站点数据和禹城站点数据与 MODIS 数据对所提出方法进行了验证。

研究内容框架图如图 1.1 所示。

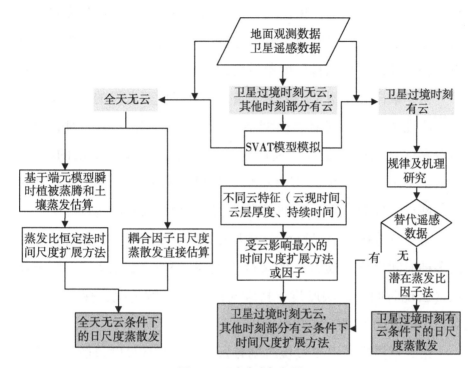

图 1.1　研究内容框架图

1.3.3　组织结构

针对以上研究内容，本书分 6 章进行论述。

第 1 章为绪论。阐述了选题背景及依据，概述了地表蒸散发遥感估算和时间尺度扩展方面的研究现状，分析了目前存在的问题，然后确定了研究目标及主要研究内容。

第 2 章进行了全天无云条件下基于不同瞬时蒸散发模型的日尺度蒸散发估算。瞬时蒸散发的估算是利用时间尺度扩展方法得到高精度日尺度蒸散发的前提。因此，研究首先利用对蒸散发过程有不同解译的 2 种梯形端元模型进行了瞬时土壤蒸发和植被蒸腾的估算，然后利用蒸发比恒定法对 2 种模型得到的瞬时蒸散发进行时间尺度扩展得到日尺度蒸散发，分析 2 种模型估算得到的瞬时蒸散发与基于其扩展得到日尺度蒸散发的差异。

第 3 章详细介绍了全天无云条件下日尺度蒸散发的直接估算方法。研究考虑到不同遥感模型估算瞬时蒸散发精度不同对日尺度蒸散发估算的不确定性，利用解耦因子在日内较为稳定的特征，探索了基于 Decouple 模型直接估算日尺度蒸散发的方法，并通过禹城站点气象数据和 MODIS 数据对提出的方法进行了验证。

第 4 章分析了卫星过境时刻无云其他时刻部分有云条件下常用的多种时间尺度扩展方法的尺度扩展因子和扩展结果受不同云特征（云现时间、云层厚度、持续时间）的影响情况，探求受云影响最小的时间尺度扩展方法。

第 5 章提出了卫星过境时刻有云条件下的日尺度蒸散发估算方法。研究利用模型和站点实测数据探索了土壤可利用水比率与地表潜在蒸散发比之间的关系；同时将晴天土壤含水量减去蒸散量作为有云条件下的土壤蓄水量，提出了卫星过境时刻有云条件下的日尺度蒸散发估算方法，并利用美洲通量站点数据和禹城站点 MODIS 数据与部分气象数据对所提出方法进行验证。

第 6 章总结和展望。总结本研究所取得的研究成果，指出主要创新点，并对今后研究工作进行了展望。

2 全天无云条件下基于不同瞬时蒸散发估算结果的日尺度蒸散发估算

2.1 引言

瞬时蒸散发的准确估算是利用时间尺度扩展方法扩展得到高精度日尺度蒸散发的必要前提。基于地表温度-植被指数特征空间的二源端元模型已被广泛应用于蒸散发估算研究。基于梯形特征空间的二源端元模型中，植被蒸腾和土壤蒸发均被认为随着土壤含水量的变化而变化，但不同端元模型对植被蒸腾和土壤蒸发的变化过程有不同的解译过程。因此，本章利用对植被蒸腾和土壤蒸发的变化过程解译不同的2种端元模型进行瞬时植被蒸腾和土壤蒸发的估算，探寻可进行瞬时蒸散发估算的高精度模型。

通过2种梯形模型得到瞬时蒸散发结果后，研究利用蒸发比恒定时间尺度扩展方法对其进行扩展得到日尺度蒸散发，分析不同瞬时蒸散发估算结果对扩展得到的日尺度蒸散发的影响。

2.2 研究方法

本研究首先需要进行天气情况的判断。本章需要选择全天无云条件进行瞬时蒸散发的估算。下面所述该天气情况的判定方法也使用于后续章节不同天气情况（卫星过境时刻无云其他时刻部分有云和卫星过境时刻有云）的晴天时刻判定。

2.2.1 晴天时刻判断

研究基于下行短波辐射数据，利用 Long 和 Ackerman（2000）提出的方法进行一天中不同晴天时刻的判断。判定方法的原理与步骤具体如下。

首先，在完全晴天条件下，地面接收到的下行太阳辐射（短波下行辐射）在当地正午时刻达到最大，夜晚时减小为零，其中太阳高度角是影响地面接收到的短波下行辐射大小的最关键因子（Long et al.，2006）。在理想的完全晴天条件，给定太阳高度角，地面接收到的短波下行辐射根据太阳高度角归一化后在一天中随时间的变化为 1 条直线。图 2.1 为禹城站点 2009 年 5 月 20 日 5 min 时间尺度短波下行辐射和归一化后的短波下行辐射值在一天中随时间变化的曲线示例图，其中 7：00—16：00 大部分时刻为晴天时刻。

因此，利用该方法进行晴天时刻判定的第 1 个步骤为对地面接收到的短波下行辐射值进行归一化。但在实际应用中，由于复杂的大气条件影响，理想的完全晴天较少，地面接收到的短波下行辐射根据太阳高度角归一化后在一天中随时间的变化接近于 1 条直线时可认为其为晴天时刻，即在实际应用中对变化范围给定一定阈值，如果满足该阈值，可将其初步判定为晴天时刻。

具体来说，给定太阳高度角，地面接收到的短波下行辐射根

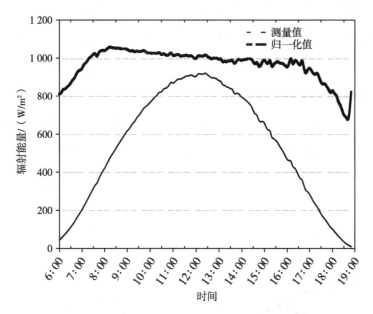

图 2.1 禹城站点 2009 年 5 月 20 日短波下行辐射

测量值和归一化值在一天中的变化曲线

据太阳高度角归一化的公式为：

$$R_{s,N} = R_s / \mu_0^b \tag{2.1}$$

式中，R_s（W/m²）为短波下行辐射；$R_{s,N}$（W/m²）为归一化后的短波下行辐射；μ_0 为太阳高度角的余弦值；b 为常数。常数 b 和归一化后的短波下行辐射的阈值根据研究区域已知晴天的短波太阳辐射值所得到的经验值给定。本研究 b 取值为 1.31；$R_{s,N}$ 的最大和最小阈值分别为 1 150 W/m² 和 900 W/m²。

然后，利用不同时刻短波下行辐射在短时间内的变化作为晴天时刻判定的另一个依据。具体来说，如果研究时刻为理想的完全晴天时刻，短波下行辐射 R_s 在极短时间内的变化应该等于大气层顶太阳辐射在该对应时间内的变化。同样考虑大气的影响，在实际应用中，将大气层顶太阳辐射的变化（ΔTOA_i）设定一定波动范围作为短波下行辐射在短时间内的变化阈值，满足该阈值则将该时刻进一步判定为晴天时刻。在判断中，变化的时间可根据研究所用具体时间分辨率为参考，将其从研究时刻到下一个时刻的变化作为研究对象。图 2.2 为禹城站点 2009 年 5 月 24 日短波下行辐射在 5 min 时间尺度内其变化值随时间变化的曲线。

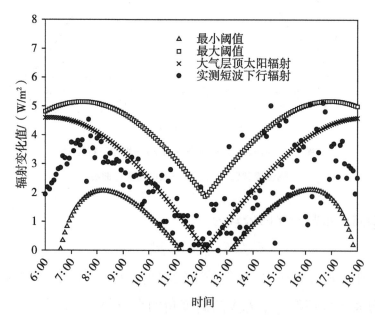

图2.2 禹城站点2009年5月24日短波辐射在5 min 时间尺度的变化值随时间变化的曲线

综上，利用该方法进行晴天时刻判断的第 2 个步骤为，短波下行辐射在短时间内的变化满足下列条件：

$$MIN = |\Delta TOA_i/\Delta t| - [R_t(\mu_0^{noon} + 0.1)/\mu_0] \qquad (2.2a)$$

$$MAX = |\Delta TOA_i/\Delta t| + C\mu_0 \qquad (2.2b)$$

式中，MIN 值和 MAX 值为短波下行辐射在短时间内的变化值的最小和最大阈值，其值分别为大气层顶太阳辐射的变化值（ΔTOA_i）减去和加上 1 个与 μ_0 成比例的因子。R_t 为短波下行辐射变化所对应的时间分辨率，μ_0^{noon} 是当地正午太阳高度角，0.1 是为确保该项值高于 R_t 的设定值，C 为考虑晴天系统误差的常数（2 W/m^2）。

同时满足上述 2 个条件的时刻则被确定为晴天时刻。如果以 MODIS 过境时刻为研究对象，通过该方法将该时刻确定为晴天时刻，还需通过 MOD35 数据验证，只有 MOD35 数据质量显示为"11"（highest quality without cloud）时才会被最终确定为晴天时刻。

2.2.2　二源梯形端元模型

二源梯形端元模型是基于地表温度（LST）-植被覆盖度（FVC）梯形特征空间的解译模型（Jiang and Islam，2003；Carlson，2007；Zhang et al.，2016），根据土壤蒸发和植被蒸腾的不同解译过程，目前常用的二源梯形模型可分为"同步分离"梯形模型和"两段分离"梯形模型（ESVEP）。

2.2.2.1　"同步分离"梯形模型

"同步分离"梯形模型的模型原理图如图 2.3（a）所示。该类模型中通常有 4 个极值点（端元）：A、B、C 和 D。其中点 A（$FVC = 0$，$LST = T_{s,d}$）代表极干裸土端元，该极值点处土壤温度具有最大值；点 B（$FVC = 0$，$LST = T_{s,w}$）代表极湿裸土端元，该极值点处土壤温度具有最小值；点 C（$FVC = 1$，$LST = T_{v,w}$）代表极湿润全植被覆盖端元，植被地表温度最低（$T_{v,w}$）；点 D（$FVC = $

1，$LST = T_{v,d}$）代表极干全植被覆盖端元，植被地表温度最高（$T_{v,d}$）。在该梯形模型中，极值点 A、D 组成的直线称作模型的干边，代表受水分胁迫最严重的地表，此时地表蒸散发最小；类似地，极值点 B、C 组成的直线称为模型的湿边，代表水分充足地表，植被和土壤均受到水分胁迫，处于潜在蒸散状态（潜在土壤蒸发 $ET_{s,w}$ 和潜在植被蒸腾 $ET_{v,w}$）；干湿边组成梯形空间的边界（Allen et al.，2007）。该模型中植被蒸腾和土壤蒸发被认为均随着土壤含水量的变化而发生变化，但两者具有相似的变化过程。利用该模型进行植被蒸腾和土壤蒸发的估算实际是通过对模型干湿边处的潜在蒸散和最小蒸散发之间进行插值得到位于干湿边之间像元点处的植被蒸腾和土壤蒸发。

具体来说，例如给像元点 P（LST，FVC），首先计算该点对应的干边和湿边处的地表温度：

$$T_{s\_dry} = T_{s,d} + FVC \times (T_{v,d} - T_{s,d}) \tag{2.3a}$$

$$T_{s\_wet} = T_{s,w} + FVC \times (T_{v,w} - T_{s,w}) \tag{2.3b}$$

该点处混合像元地表温度通过该像元点对应的干湿边温度插值，得到其土壤和植被的组分地表温度（T_s 和 T_v）：

$$T_v = T_{v,w} + (LST - T_{s\_wet})/(T_{s\_dry} - T_{s\_wet}) \times (T_{v,d} - T_{v,w}) \tag{2.4a}$$

$$T_s = T_{s,w} + (LST - T_{s\_wet})/(T_{s\_dry} - T_{s\_wet}) \times (T_{s,d} - T_{s,w}) \tag{2.4b}$$

该像元点处的土壤蒸发（ET_s）和植被蒸腾（ET_v）通过对湿边处潜在蒸散发值和干边处最小蒸散发值（0）进行插值得到，具体公式为：

$$ET_s = \left[(T_{s,d} - LST)/(T_{s,d} - T_{s,w}) \right] \times ET_{s,w} \qquad (2.5a)$$

$$ET_v = \left[(T_{v,d} - LST)/(T_{v,d} - T_{v,w}) \right] \times ET_{v,w} \qquad (2.5b)$$

式中，$ET_{s,w}$ 和 $ET_{v,w}$ 分别代表土壤和植被在无水分胁迫条件下的潜在土壤蒸发和植被蒸腾。

蒸散发总量即为 ET_s 与 ET_v 之和：

$$\left[T_{s,d} - LST)/(T_{s,d} - T_{s,w}) \right] \times ET_{s,w} +$$
$$\left[(T_{v,d} - LST)/(T_{v,d} - T_{v,w}) \right] \times ET_{v,w} \qquad (2.6)$$

该模型中，湿边得到困难时通常用近地表气温代替湿边地表温度，即代替极湿润土壤和极湿润植被的地表温度。研究中将这种情形作为该模型的另一种形式，计算得到的 ET 记作：

$$ET\_T_a = \left[(T_{s,d} - LST)/(T_{s,d} - T_a) \right] \times ET_{s,w} +$$
$$\left[(T_{v,d} - LST)/(T_{v,d} - T_a) \right] \times ET_{v,w} \qquad (2.7)$$

2.2.2.2 "两段分离"梯形模型（ESVEP）

"两段分离"梯形模型由 Tang 和 Li（2015，2017c）提出，可看做是由 2 个三角形（三角形 1 和三角形 2）构成的梯形模型，如图 2.3（b）所示。不同于"同步分离"梯形模型中将土壤蒸发和植被蒸腾的变化过程认为相似，在该模型中，认为土壤蒸发和植被蒸腾的具有不同的变化过程。模型中的 2 个三角形对应于蒸散发估算的 2 个阶段：第 1 个阶段对应于下三角形，对应于土壤表层含水量的变化过程；在该情形下，对于给定的植被覆盖度 FVC，随着土壤表层含水量从充足递减为 0，土壤蒸发从最大减小为 0，对应于干边 I；此时根区土壤含水量由于周围深层土壤的供水依旧保持供水充足状态，该过程中植被一直处于潜在蒸散状态。第 2 个阶段对应于上三角形，对应于深层根区土壤含水量的变化，根区土

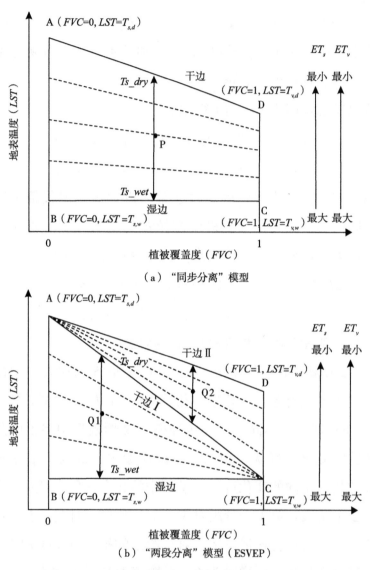

（a）"同步分离"模型

（b）"两段分离"模型（ESVEP）

图 2.3 基于 *LST-FVC* 梯形特征空间的"同步分离"

模型（a）和"两段分离"模型（b）的结构示意图

壤含水量从最大减少至植被萎蔫点，植被蒸腾从最大减少为 0，干边 II 与 "同步分离" 梯形模型中干边一致，表示水分胁迫达到最大，植被蒸腾和土壤蒸发均为 0。

具体来说，给定像元点 Q1（*LST*，*FVC*），根据其地表温度值和 *FVC* 值，其位于三角形 1 或者三角形 2 中。模型通过定义一个临界温度 T* 用来判断像元在梯形空间中所处具体位置（Tang and Li，2017c）：

$$T^* = \left[\left(T_{s,w}^4 (1 - FVC) + FVC \times T_{v,w}^4 \right) \right]^{1/4} \quad (2.8)$$

如果混合像元地表温度（*LST*）小于临界温度（*T**），即满足 *LST* ≤ *T**，则认为像元处于三角形 1 中，此时植被处于潜在蒸腾，植被组分温度 T_v 保持最低，土壤组分温度 T_s 随着表层土壤含水量的减少而增大，T_v 和 T_s 的计算公式分别为：

$$T_v = T_{v,w} \quad (2.9a)$$

$$T_s = \left[\left(LST_R^4 - FVC \times T_v^4 \right) / (1 - FVC) \right]^{1/4} \quad (2.9b)$$

此时，土壤蒸发 ET_s 随着表层土壤含水量的减少而逐渐减小，植被蒸腾 ET_v 由于根区含水量充足仍处于潜在蒸腾状态，ET_s 和 ET_v 的计算公式为：

$$ET_s = \frac{T_{s,d} - T_s}{T_{s,d} - T_{s,w}} ET_{s,w} \quad (2.10a)$$

$$ET_v = ET_{v,w} \quad (2.10b)$$

类似情况，如果像元 Q2（*LST*，*FVC*）位于三角形 2 中，即混合像元温度大于临界地表温度 *LST* > *T**，此时，土壤温度 T_s 达到最大，植被组分温度 T_v 随着土壤根区含水量减少而逐渐增大，T_s 和 T_v 通过以下公式计算：

$$T_s = T_{s,d} \quad (2.11a)$$

$$T_v = \{[LST^4 - (1 - FVC)T_s^4]/FVC\}^{1/4} \qquad (2.11b)$$

此时，土壤蒸发 ET_s 为 0，植被蒸腾 ET_v 随着土壤根区含水量减少而逐渐减小，ET_s 和 ET_v 的计算公式为：

$$ET_s = 0 \qquad (2.12a)$$

$$ET_v = \frac{T_{v,d} - T_v}{T_{v,d} - T_{v,w}} ET_{v,w} \qquad (2.12b)$$

式中，$T_{s,d}$、$T_{s,w}$、$T_{v,d}$ 和 $T_{s,d}$ 代表 4 个端元的地表温度，与"同步分离"模型中意义一致。同理，$ET_{s,w}$ 和 $ET_{v,w}$ 分别代表土壤和植被在无水分胁迫条件下的潜在土壤蒸发和潜在植被蒸腾。

2.2.3 地表净辐射分解

研究中"同步分离"梯形模型和"两段分离"梯形模采用相同的净辐射分解方法，净辐射首先分解为土壤和植被净辐射组分（$R_{n,s}$ 和 $R_{n,v}$）（Kustas and Norman，2000；Tang and Li，2017c）：

$$R_{n,v} = (1 - \tau_{sw})(1 - \alpha_v)R_g + [1 - \exp(-k_L LAI)]$$
$$(L_{sky} + L_s - 2L_v) \qquad (2.13a)$$

$$R_{n,s} = \tau_{sw}(1 - \alpha_s)R_g + \exp(-k_L LAI)L_{sky} +$$
$$[1 - \exp(-k_L LAI)]L_v - L_s \qquad (2.13b)$$

式中，τ_{sw} 为短波冠层透过率，α_v 和 α_s 分别为土壤和植被反射率；R_g 为太阳短波辐射（W/m^2）；L_{sky}、L_v 和 L_s 分别为天空、植被和土壤的长波反射率；k_L 为消光系数，取值 0.95。

土壤热通量（G）通过利用其与土壤净辐射的比例关系计算：

$$G = \Gamma \times R_{n,s} \qquad (2.14)$$

式中，Γ 为土壤热通量与地表净辐射的比值，本研究中取值 0.296。

2.2.4 极限端元地表温度计算

"同步分离"模型和"两段分离"模型中，4 个极限端元的地表温度基于地表能量平衡理论和 Penman-Monteith 公式（Moran et al., 1994）进行计算，具体的计算公式为：

$$T_{sd} = \frac{r_{as}(R_{n,s} - G_s)}{\rho C_p} + T_a \qquad (2.15a)$$

$$T_{vd} = \frac{r_{av} R_{n,v}}{\rho C_p} \frac{\gamma(1 + r_{vd}/r_{av})}{\Delta + \gamma(1 + r_{vd}/r_{av})} - \frac{VPD}{\Delta + \gamma(1 + r_{vd}/r_{av})} + T_a$$

$$(2.15b)$$

$$T_{sw} = \frac{r_{as}(R_{n,s} - G_s)}{\rho C_p} \frac{\gamma}{\Delta + \gamma} - \frac{VPD}{\Delta + \gamma} + T_a \qquad (2.15c)$$

$$T_{vw} = \frac{r_{av} R_{n,v}}{\rho C_p} \frac{\gamma(1 + r_{vw}/r_{av})}{\Delta + \gamma(1 + r_{vw}/r_{av})} - \frac{VPD}{\Delta + \gamma(1 + r_{vw}/r_{av})} + T_a$$

$$(2.15d)$$

式中，T_a 为近地表气温（K）；ρ 为空气密度（kg/m³）；C_P 为定压比热 [J/（℃·m³）]；γ 为干湿球温度计常数（kPa/℃）；Δ 为饱和水汽压与温度的斜率（kPa/℃）；VPD 为饱和水汽压差（kPa）；r_{vw} 为气孔接近闭合时的冠层阻抗（取值 2 000 s/m），r_{vd} 为供水充足情形下的冠层阻抗，根据其与叶面积指数 LAI 的关系计算得到：$100/LAI$。r_a 为空气动力学阻抗，计算公式为：

$$r_{av}(\text{or } r_{as}) = \frac{[\ln(\frac{z_u - d}{z_{om}}) - \psi_m][\ln(\frac{z_t - d}{z_{oh}}) - \psi_h]}{k^2 u} \qquad (2.16)$$

式中，z_u 和 z_t 分别为风速和近地表气温的测量高度（m）；k 为 von Karman 常数；u 为风速（m/s）；ψ_m 和 ψ_h 分别为动量和热量传输过程中的稳定度校正函数；d 为零平面位移（m）；z_{oh} 为地表热传输粗糙长度（m）；z_{om} 为地表动量传输粗糙长度（m）（Norman et al., 1995）。

潜在土壤蒸发（$ET_{s,w}$）和植被蒸腾（$ET_{v,w}$）在计算得到所需相关参数后，通过以下公式计算得到：

$$ET_{s,\,w} = \frac{\Delta \times (R_{n,\,s} - G_s) + \rho C_p VPD/r_{as}}{\Delta + \gamma} \tag{2.17a}$$

$$ET_{v,\,w} = \frac{\Delta \times R_{n,\,v} + \rho C_p VPD/r_{av}}{\Delta + \gamma(1 + r_{vw}/r_{av})} \tag{2.17b}$$

2.2.5 蒸发比恒定时间尺度扩展方法

利用 2 种梯形模型分别得到瞬时蒸散发估算结果后，利用蒸发比（EF）恒定时间尺度扩展方法对其进行时间尺度扩展得到日尺度蒸散发。蒸发比恒定时间尺度扩展方法中，蒸发比定义为潜热通量（LE）与可利用能量（R_n-G）的比值，即表示地表可利用能量中用于蒸散的能量部分所占的比例。

该时间尺度扩展方法假定白天蒸发比保持不变，在已知日尺度地表可利用能量的情况下，通过卫星过境时刻的蒸发比和日尺度地表可利用能量估算得到日尺度 ET_d：

$$ET_d = (R_n - G)_d EF_i = (R_n - G)_d \frac{ET_i}{(R_n - G)_i} \tag{2.18}$$

2.2.6 统计指标

本研究利用以下几个定量化指数来评估研究提出的模型的估

算结果，这些指数包括：

$$\text{平均偏差}: Bias = \sum_{i=1}^{n} (P_i - O_i)/n \qquad (2.19a)$$

$$\text{均方根误差}: RMSE = \left[\sum_{i=1}^{n} (P_i - O_i)^2/n \right]^{1/2} \qquad (2.19b)$$

式中，n 为观测个数；P_i 和 O_i 分别为模型估算所得结果和对应观测值。

2.3 研究站点和数据

2.3.1 研究站点

基于美洲通量网站的 US-Bo1、US-ARM 和 US-Aud 站点，分别位于美国的伊利诺伊州（Illinois）、俄克拉荷马州（Oklahoma）和亚利桑那州（Arizona），如图 2.4 所示。3 个站点的植被类型主要为作物和草地，气候类型分别为湿润亚热带气候、湿润大陆性气候和中纬度沙漠气候。3 个站点处的平均年降水量为 368~727 mm，平均年气温为 11.55~16.08 ℃，站点的具体信息见表 2.1。

表 2.1 研究站点的位置、气候类型和植被类型信息

站点名称	州	高程/m	N/°	W/°	植被类型	气候	平均年降水量/mm	平均年气温/℃
US-Bo1	伊利诺伊州	219	40.006 2	88.290 4	作物	湿润大陆性气候	724	11.55
US-ARM	俄克拉荷马州	129	36.605 8	97.488 4	作物	地中海气候	504	16.08

续表

站点名称	州	高程/m	N/°	W/°	植被类型	气候	平均年降水量/mm	平均年气温/℃
US-Aud	亚利桑那州	1 469	31.590 7	110.509 2	草地	中纬度沙漠	368	15.82

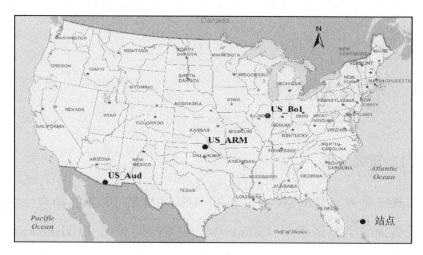

图 2.4　研究站点分布

2.3.2　站点气象和通量数据

　　美洲通量站点数据集时间尺度为 30 min，数据来源于美洲通量网站（http：//ameriflux. lbl. gov/），研究中所用气象数据包括风速、相对湿度、气温和大气压强等数据，数据经过了标准化和质量控制（QA/QC）检查（Anderson et al.，2007；Di et al.，2015）。

　　站点通量数据包括 *EC* 测量的潜热通量（*LE*）和显热通量（*H*）数据，研究也对其进行了质量控制（Tang et al.，2013；Di et al.，2015）。另外包括上行长波、下行长波、短波数据和土壤热通量数据。EC 测量的地表能量组分通常存在能量不闭合现象（例如 R_n-$G > LE$+H）（Culf et al., 2008; Stoy et al., 2013）。为了有效地验证研究所得结果，很多研究采用余项法（RE）和波文比（BR）校正方法对 EC 测量的能量通量进行能量不平衡校正（Anderson et al., 2008; Sánchez et al., 2008）。在 RE 校正方法中，能量不平衡被认为完全由 LE 测量不准确而引起（Twine et al., 2000），因此，校正过程中将不平衡能量完全校正至潜热通量（LE）中，即 $LE_{correct} = R_n$-G-H；而在 BR 校正方法中，认为校正前后波文比保持不变，地表可利用能量（R_n-G）通过波文比分配至 LE 和 H 中，即 $LE_{correct} = LE$ / （LE+H）（R_n-G）。本研究也采用了 2 种校正方法对 EC 测量的地表能量不平衡进行了校正，用来验证通过 2 种梯形端元模型估算得到的 ET 结果。

2.3.3 遥感数据

研究所用遥感数据包括 MODIS 产品数据和 ASTER 产品数据。

搭载于 TERRA 卫星上的 MODIS 传感器共有 36 个波段，波段变化范围在 0.405 ~ 14.385 μm，可以获得的数据空间分辨率有 250 m、500 m 和 1 000 m。MODIS 科学数据组（MODIS Science Team）共开发了 44 类与一系列学科（包括陆表，大气科学和海洋学）有关的 MODIS 产品。本研究所用 MODIS 产品数据包括辐射产品数据（MOD021KM）、地表温度产品（MOD11_L2）、地表反射率产品（MOD09GA）、几何校正信息产品（MOD03）、叶面积指数产品（MOD15A2）和云掩膜产品（MOD35）。MOD021KM 产品包括 36 个波段经过校准和地理定位的辐射和大气层顶（TOA）反射率，研究中用来进行地表净辐射的估算。二级产品 MOD11_L2 是通过劈窗算法得到的时间分辨率为 1 天的地表温度产品（Wan and Dozier，1996），其空间分辨率为 1 km。MOD03 产品包括地理坐标（纬度和经度），太阳天顶角、方位角，观测天顶角和方位角以及地面高程信息，空间分辨率为 1 km，用来对 MOD11_L2 进行几何校正。MOD09GA 用来提供 1~7 波段的反射率，空间分辨率为 500 m，通过双线性重采样方法采样至 1 km 分辨率，用来估算宽波段反射率。MOD15A2 产品提供的叶面积指数用来估算冠层阻抗来进行土壤和植被净辐射分解。云掩膜产品 MOD35 用来辅助进行晴天数据选择，其 QA 标志从"00"到"11"变化，仅选择 QA 标志为"11"（质量最好）对应的数据。后续研究中 MOD35 用来辅助进行晴天数据选择均采用这一原则，不再做特殊说明。

ASTER 数据包括地表温度产品（AST_08）和地表可见光近红外（VNIR）和短波红外（SWIR）波段反射率产品（AST_07）。AST_08 是使用 8~12 μm 光谱范围的 5 个热红外（TIR）波段生成的产品，该产品仅包含陆地区域 90 m 空间分辨率的地表温度数据。AST_07 数据产品包含 VNIR 和 SWIR 波段的反射率测量值。在本研究中，需使用双线性重采样方法将 AST_07 数据从 15 m 重采样至 90 m，与地表温度产品（AST_08）保持空间分辨率一致。

ASTER 地表温度数据 AST_08 用来对 MODIS 分解得到的植被组分温度（T_v）和土壤组分温度（T_s）进行验证。1 km 空间分辨率的 MODIS 混合像元温度对应于来自 AST_08 的 11×11 像元。对应于 MODIS 像元的 AST_08 多个像元中包含土壤和植被 2 种类型的像元，每一类像元的平均温度用来验证其对应 MODIS 像元分解的植被组分温度（T_v）和土壤组分温度（T_s）。

AST_08 像元类别的判定通过其对应的植被覆盖度（FVC）进行。具体来说，当 FVC 大于 0.8，该像元定义为植被类型，当 FVC 小于 0.2，该像元被定义为土壤类型（Song et al., 2015）。FVC 通过归一化植被指数（$NDVI$）计算得到，$NDVI$ 则通过 AST_07 数据波段 2 和波段 3 的反射率数据计算得到。FVC 的计算公式为（Gebremichael et al., 2009）：

$$FVC = (\frac{NDVI - NDVI_{min}}{NDVI_{max} - NDVI_{min}})^2 \qquad (2.20)$$

式中，$NDVI_{min}$ 代表 $NDVI$ 最小值，$NDVI_{max}$ 代表 $NDVI$ 最大值。

植被组分温度（T_v）和土壤组分温度（T_s）以及植被蒸腾（ET_v）和土壤蒸发（ET_s）的具体估算和验证流程如图 2.5 所示。

虽然 ASTER 产品已被广泛使用，但其地表温度和发射率的算法也常常出现不确定性（Jiménez-Muñoz et al., 2006），会造成 ASTER 地表温度估算中存在一定误差。因此，研究中将 MODIS 混合像元与对应的 ASTER 平均温度之间差值大于 5 K 的数据移除。另外，通过结合 ASTER 数据、MODIS 数据、气象数据和 EC 测量数据的完整性，本研究中 3 个站点分别选择了 26 天、15 天和 17 天完全晴天数据作为研究数据，如表 2.2 所示。

表 2.2　所选 3 个通量站点的研究时间

站点	研究时间（年-日序）
US-Aud N = 17	2007-051；2007-074；2007-083；2007-090；2007-099；2007-147；2007-282；2008-109；2009-015；2009-031；2009-088；2009-191；2009-271；2009-319；2010-098；2010-107；2010-322

续表

站点	研究时间（年-日序）
US-ARM N = 15	2010-058；2010-131；2010-202；2010-234；2011-004；2011-013；2011-044；2011-070；2011-124；2011-132；2011-173；2011-214；2011-221；2011-262；2011-294
US-Bo1 N = 26	2001-238；2001-270；2001-302；2001-318；2002-001；2002-033；2003-068；2003-285；2003-292；2003-324；2003-333；2004-071；2004-208；2004-263；2004-304；2005-018；2005-105；2005-114；2005-210；2005-322；2006-069；2006-076；2006-124；2006-197；2006-204；2006-213

注：日序数以 1 月 1 日为 1，1 月 2 日为 2，依此类推。下同。

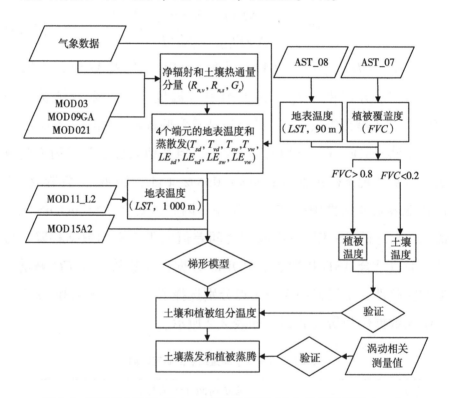

图 2.5　植被组分温度（T_v）、土壤组分温度（T_s）和植被蒸腾（ET_v）、

土壤蒸发（ET_s）的估算与验证流程图

2.4　结果和讨论

2.4.1　地表可利用能量的估算

土壤净辐射和植被净辐射（$R_{n,s}$ 和 $R_{n,v}$）的估算决定了梯形端元模型中 4 个极限端元地表温度的估算精度，从而影响着土壤蒸发和植被蒸腾的估算精度。由于缺少具体的净辐射组分实测值，图 2.6 比较了 3 个研究站点处利用遥感数据通过模型估算的地表可利用能量（$R_n - G$）与对应站点测量的可利用能量值。

从图 2.6 可以看出，研究所选的 3 个通量站点处估算得到的地表可利用能量变化范围为 187.7～631.7 W/m²，对应站点地面测量值的变化范围为 179.3～621.9 W/m²，两者基本接近。3 个站点处模型估算的地表可利用能量与地表可利用能量测量值均具有较好的一致性。具体来说，在 US-Bo1 站点处，模型估算的地表可利用能量与观测值相比偏差为 4.8 W/m²，估算的均方根误差（$RMSE$）为 30.3 W/m²；在 US-ARM 站点处，估算偏差为 -4.7 W/m²，$RMSE$ 为 32.9 W/m²；在 US-AUD 站点处估算偏差为 -0.5 W/m²，$RMSE$ 为 42.7 W/m²。在 US-AUD 站点处的估算偏差稍微高于其他 2 个站点，但是其仍然接近于测量值，满足精度需求。地表可利用能量的准确估算为后续土壤蒸发和植被蒸腾的估算提供了条件。

2.4.2　4 个端元地表温度的估算

对于"同步分离"和"两段分离" 2 个梯形模型来说，4 个极

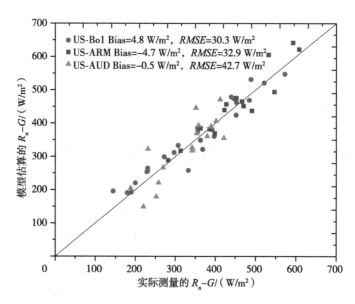

图 2.6 模型估算的地表可利用能量（R_n–G）与对应站点测量值的比较

限端元地表温度的准确估算对于土壤和植被组分温度估算与土壤蒸发和植被蒸腾的估算至关重要。图 2.7 为 3 个通量站点处模型估算的 4 个极限端元的地表温度、MODIS 地表温度和站点测量的近地表气温在所选时间范围内的变化情况。其中，Ts_ds 和 Ts_dv 代表干燥裸土和干燥植被端元的地表温度；Ts_ws 和 Ts_wv 代表湿润裸土和湿润植被端元的地表温度；Ts_rs 和 Ta 代表 MODIS 地表温度和近地表气温测量值。

总体来说，Ts_ds、Ts_dv、Ts_ws、Ts_wv 和 MODIS 地表温度与近地表气温测量值 Ta 随时间变化的趋势一致。由于不同的辐射和大气条件的季节性变化，这些变化也具有非常明显的季节性。在研究所选的 3 个通量站点处，干燥土壤端元（Ts_ds）处估算的地表温度最高，其次是干燥植被端元（Ts_dv）地表温度，因为在

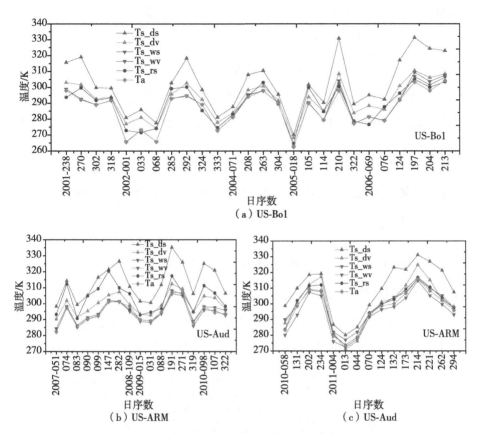

（a）US-Bo1

（b）US-ARM

（c）US-Aud

图 2.7　所选 3 个通量站点处干燥裸土端元温度（Ts_ds）、干燥植被端元温度

（Ts_dv）、湿润裸土端元温度（Ts_ws）、湿润植被端元温度（Ts_wv）、

MODIS 地表温度（Ts_rs）和近地表气温（Ta）在研究时间范围内的变化

2 种干燥条件下，所有的地表可利用能量均全部用于显热通量，即用以对近地表空气进行加热。在湿润条件下的湿润裸土端元（Ts_ws）处的地表温度略高于或低于湿润植被（Ts_ws）端元，部分时间内两者在图像中表现出重合。不同日期的 MODIS 地表温度则介于 4 个极限端元的最高和最低温度之间。在所选研究日期中，大部分近地表气温高于湿润端元（湿润裸土和湿润植被）的地表温度，特别是在 US-ARM 和 US-Aud 站点，这一现象更为明显。不同站点之间各个温度的趋势和温度之间的差异不同，站点之间的差异可能是由于不同气候条件和不同植被类型造成的，研究所选 3 个站点气候条件差异较大，站点之间的不同植被类型会影响光合作用、水的利用情况和太阳辐射比例的差异以及空气和地表之间相互作用的变化。

2.4.3 模型估算的土壤和植被组分温度与对应 ASTER 温度的比较

对比 MODIS 地表温度混合像元分解得到的土壤和植被组分温度与 ASTER 对应的地表温度，作为模型估算结果的初步验证。

为了验证 ASTER 的地表温度数据，研究将其与通过地面实测的上行和反射的长波辐射计算得到地表温度数据进行了对比验证（Li et al.，2013），结果见图 2.8。结果显示，ASTER 地表温度与

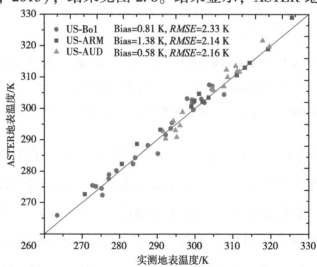

图 2.8 ASTER 地表温度与实测长波辐射数据计算得到的温度数据的比较

实际地表温度数据的偏差在站点 US-Bo1、US-ARM 和 US-Aud 处分别为 0.81 K、1.38 K 和 0.58 K，*RMSE* 分别为 2.33 K、2.14 K 和 2.16 K。该精度与前人研究结果类似（2.25 K）（Song et al.，2015）。可以看出，ASTER 地表温度在 3 个站点处均存在高估。ASTER 地表温度与实际值之间的差异主要来源于传感器校准，发射率误差和空间异质性等带来的不确定性。

通过 2 种梯形模型对 MODIS 混合地表温度分解得到的土壤和植被组分温度与对应 ASTER 温度值的比较如图 2.9 所示。图 2.9（a）（c）（e）为土壤组分温度的估算结果，图 2.9（b）（d）（f）为植被组分温度的估算结果，对应的统计偏差（Bias）、统计 *RMSE* 和相对 *RMSE*［*RMSE* 与平均温度（℃）的比值］见表 2.3。

可以看出，土壤组分温度的分解结果中，ESVEP 模型的估算精度更高，在站点 US-Bo1、US-ARM 和 US-Aud 处，其估算偏差分别为 0.19 K、−0.1 K 和 0.42 K，估算 *RMSE* 分别为 2.76 K（10.16%）、2.04 K（7.46%）和 1.56 K（4.98%）；"同步分离"梯形模型中，土壤组分温度的估算偏差分别为 −1.86 K、0.29 K 和 0.61 K，估算 *RMSE* 分别为 3.64 K（13.4%）、2.37 K（8.66%）和 2.29 K（7.31%）。

植被组分温度的分解结果中，ESVEP 模型仍然表现出较高的估算精度。具体来说，在 US-Bo1 站点处，该模型的估算偏差为 −0.83 K，*RMSE* 为 2.8 K（9.73%）；"同步分离"梯形模型的估算偏差为 −0.91 K，*RMSE* 为 2.82 K（9.8%）；在 US-ARM 站点处，ESVEP 模型估算植被组分温度的偏差和 *RMSE* 为 −1.63 K 和 2.54 K（10.17%），"同步分离"梯形模型的估算偏差和 *RMSE* 分别为 −

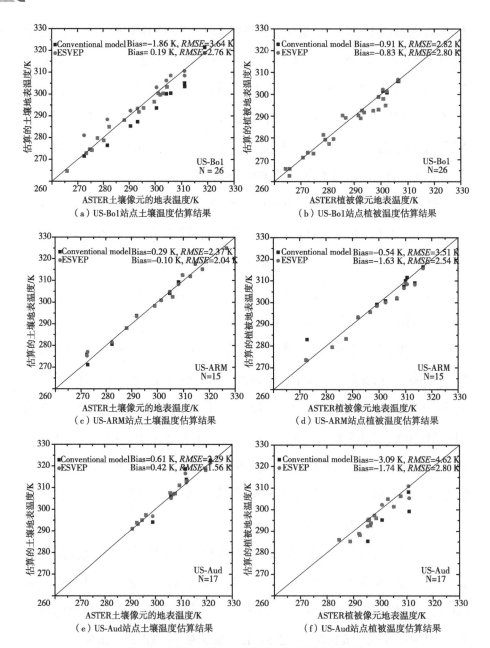

（a）US-Bo1站点土壤温度估算结果　　（b）US-Bo1站点植被温度估算结果

（c）US-ARM站点土壤温度估算结果　　（d）US-ARM站点植被温度估算结果

（e）US-Aud站点土壤温度估算结果　　（f）US-Aud站点植被温度估算结果

图 2.9　模型分解 MODIS 混合像元温度得到的

土壤和植被组分温度与对应 ASTER 温度的比较

0.54 K 和 3.51 K（14.06%）；在 US-Aud 站点处，ESVEP 模型精度较高，估算偏差和 *RMSE* 分别为 -1.74 K 和 2.8 K（11.11%），"同步分离"梯形模型的估算偏差和 *RMSE* 分别为 -3.09 K 和 4.62 K（15.49%），3 个站点处，植被组分温度均出现低估。

表 2.3 模型分解得到的土壤和植被组分温度与对应 ASTER 温度的比较情况统计结果

站点	模型	土壤温度			植被温度		
		Bias/ K	*RMSE*/ K	*RMSE*/ %	Bias/ K	*RMSE*/ K	*RMSE*/ %
US-Bo1	"两段分离"模型	0.19	2.76**	10.16	-0.83	2.80**	9.73
	"同步分离"模型	-1.86	3.64**	13.40	-0.91	2.82**	9.80
US-ARM	"两段分离"模型	-0.10	2.04**	7.46	-1.63	2.54**	10.17
	"同步分离"模型	0.29	2.37**	8.66	-0.54	3.51**	14.06
US-Aud	"两段分离"模型	0.42	1.56**	4.98	-1.74	2.80**	11.11
	"同步分离"模型	0.61	2.29**	7.31	-3.09	4.62**	15.49

注：** 表示通过显著性检验 $\alpha = 0.01$。

总体来说，2 种梯形模型分解得到的土壤和植被组分温度的精度均满足需要，为土壤蒸发和植被蒸腾的准确估算提供了条件，具体来说，"两段分离"模型在分解土壤和植被组分温度时精度更高，更稳定。"两段分离"模型更高的精度应该来源于分别考虑了不同深度土壤含水量对土壤蒸发和植被蒸腾的不同响应过程，更接近于实际情况。需要指出的是，2 种模型估算结果较为一致时，则为"同步分离"模型中的 *LST-FVC* 空间接近于"两段分离"模型对应的上三角形的情形。

2.4.4 基于 2 种梯形模型的瞬时蒸散发估算结果

在得到地表可利用能量和土壤与植被组分温度等参数后，基于

2 种模型得到了土壤蒸发（ET_s）和植被蒸腾（ET_v），研究比较了估算的蒸散发总量（$ET_s + ET_v$）与 RE 和 BR 校正方法校正后的 EC 测

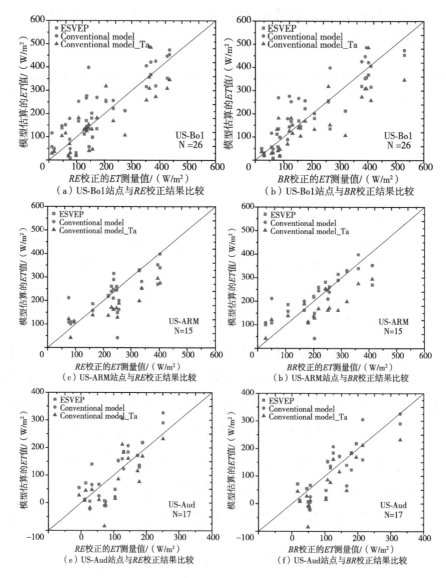

图 2.10　3 个通量站点处模型估算得到的 ET 值与

经过 RE 校正方法和 BR 校正方法校正的 EC 测量值比较

量值，如图 2.10 所示。图中，*ESVEP*、*conventional model* 和 *conventional model_T$_a$* 分别代表"两段分离"模型估算结果、"同步分离"模型估算结果和用气温代替湿边温度时的"同步分离"的估算结果。

从图 2.10 可以看出，无论与通过 *RE* 校正方法或 *BR* 方法校正的测量结果进行比较，ESVEP 模型估算的 *ET* 和测量值在大部分分布在 1∶1 线附近，表明 ESVEP 模型可以有效地捕捉研究期间 *ET* 的整体变化。相比"同步分离"梯形模型，ESVEP 模型的估算结果与 *EC* 测量值更为接近。

图 2.11 为上述结果的统计结果，其中图 2.11（a）为估算结果与 *BR* 校正方法得到的 *EC* 测量值的比较情况；图 2.11（b）为 *ET* 估算结果与 *RE* 校正方法得到的 *EC* 测量值的比较情况。2 种模型估算 *ET* 的偏差，估算 *RMSE* 和相对 *RMSE*（*RMSE* 与 *ET* 平均值的比值）如表 2.4 所示。

表 2.4　模型估算得到的 *ET* 与 *RE* 和 *BR* 校正方法校正

得到的测量值的比较结果统计值

站点	模型	偏差_ *RE*	*RMSE_ RE* 校正/（W/m^2）	相对 *RMSE_ RE* 校正/%	Bias_ *BR*	*RMSE_ BR* 校正/（W/m^2）	相对 *RMSE_ BR*/ 校正 %
	"两段分离"模型	−6.8	49.8**	22.8	−19.4	51.7**	24.4
US-Bo1	"同步分离"模型	35.4	89.5**	41.1	35.8	78.1**	36.8
	"同步分离"模型_Ta	−22.3	75.1**	34.5	−37.9	84.9**	40.1
	"两段分离"模型	−15.6	58.4**	24.0	8.6	53.3**	24.3
US-ARM	"同步分离"模型	−13.1	72.5**	29.8	5.6	70.8**	32.3
	"同步分离"模型_Ta	−61.0	82.0**	33.7	48.6	77.5**	45.4
	"两段分离"模型	12.7	50.6**	27.2	2.4	42.6**	28.1
US-Aud	"同步分离"模型	15.9	72.0**	38.7	−7.6	57.5**	37.9
	"同步分离"模型_Ta	−26.1	69.0**	37.1	−32.1	56.2**	37.1

注：** 表示通过了显著性检验 $\alpha = 0.01$。

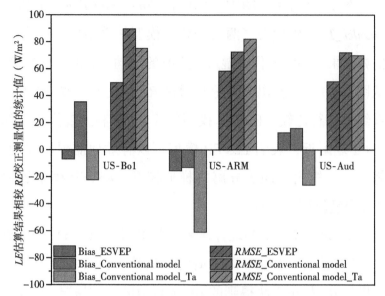

（a）RE方法校正结果

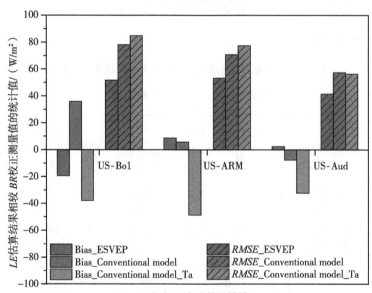

（b）BR方法校正结果

图2.11　所选3个通量站点处模型估算得到的 *ET* 与经过

RE 方法（a）和 *BR* 方法（b）校正的测量值比较结果的统计值

结合图 2.11 和表 2.4，通过比较模型估算的 ET 结果与 RE 校正的测量值可以看出，对"两段分离"模型（ESVEP）而言，在 US-Bo1 站点处，ET 估算偏差为 -6.8 W/m^2，估算 $RMSE$ 为 49.8 W/m^2（22.8 %）；在 US-ARM 站点处，估算偏差为 -15.6 W/m^2，估算 $RMSE$ 为 58.4 W/m^2（24 %）；在 US-Aud 站点处，估算偏差为 12.7 W/m^2，估算 $RMSE$ 为 50.6 W/m^2（27.2 %）。对于"同步分离"梯形模型来说，对应 3 个站点的估算偏差分别为 35.4 W/m^2、-13.1 W/m^2 和 -15.9 W/m^2，估算 $RMSE$ 分别为 89.5 W/m^2（41.1 %）、72.5 W/m^2（29.8 %）和 72 W/m^2（38.7 %）。该模型用气温代替湿边温度时，具有类似的估算 $RMSE$，但是估算偏差显示，该种情形下，ET 的低估现象更加严重，在站点 US-Bo1、US-ARM 和 US-Aud 站点处，估算偏差分别为 -22.3 W/m^2、-61 W/m^2 和 -26.1 W/m^2，表现出严重的低估；估算 $RMSE$ 分别为 75.1 W/m^2（34.5 %）、82 W/m^2（33.7 %）和 69 W/m^2（37.1 %）。

通过比较模型估算的 ET 结果与 BR 校正的测量值可以看出，ESVEP 模型在 3 个站点处的估算偏差分别为 -19.4 W/m^2、8.6 W/m^2 和 2.4 W/m^2；估算 $RMSE$ 分别为 51.7 W/m^2（24.4 %）、53.3 W/m^2（24.3 %）和 42.6 W/m^2（28.1 %）。对"同步分离"梯形模型来说，其在这 3 个站点处的估算偏差分别为 35.8 W/m^2、5.6 W/m^2 和 -7.6 W/m^2；$RMSE$ 分别为 78.1 W/m^2（36.8 %）、70.8 W/m^2（32.3 %）和 57.5 W/m^2（37.9 %）。当该模型中用近地表气温代替湿边温度时，估算偏差为 -37.9 W/m^2、-48.6 W/m^2 和 -32.1 W/m^2；$RMSE$ 分别为 84.9 W/m^2（40.1 %）、77.5 W/m^2（45.4 %）和 56.2 W/m^2（37.1 %），同

样表现出严重的低估现象。之前的研究（Tang & Li，2017c）指出在地表缺水情况下，近地表气温将高于湿边地表温度，因此，这是模型在该情形下产生严重低估的原因。另外，在 US-Aud 站点，图 2.9（c）显示 ET 估算出现小于 0 的情形（2007-051、2007-090 和 2007-099），这些研究时段对应于图 2.10（f）地表温度严重低估的时段。可以看出，在具有不同气候和植被类型的不同站点，ESVEP 模型均表现出较高的估算精度。

2.4.5　日尺度蒸散发估算结果

在得到瞬时蒸散发后，研究选择 BR 校正结果为真实 ET 值，利用蒸发比恒定时间尺度扩展方法得到 3 个站点处所有所选晴天（15+17+26＝58）的日尺度蒸散发结果。然后结合实测的日尺度可利用能量，利用蒸发比恒定法时间尺度扩展方法得到日尺度蒸散发，其中所需日尺度可利用能量中日尺度土壤热通量假定为 0，日尺度净辐射为日内每 0.5 h 尺度瞬时净辐射的平均值。图 2.12 为基于 2 种梯形模型估算的瞬时蒸散发和瞬时蒸发比利用蒸发比恒定时间尺度扩展方法得到的日尺度蒸散发估算结果。

图中可以看出，在"两段分离"模型估算得到瞬时参数后，日尺度 ET 估算的偏差为 -2.1 W/m^2，RMSE 为 18.5 W/m^2；在利用"同步分离"梯形模型估算得到瞬时参数后，得到日尺度 ET 偏差为 -8.9 W/m^2，RMSE 为 27.8 W/m^2。可以看出，基于"两段分离"模型估算得到的瞬时蒸散发和瞬时蒸发比，利用蒸发比恒定法估算得到日尺度 ET 的精度明显高于基于"同步分离"梯形模型的结果，该结果表明了基于不同瞬时蒸散发估算模型估算得

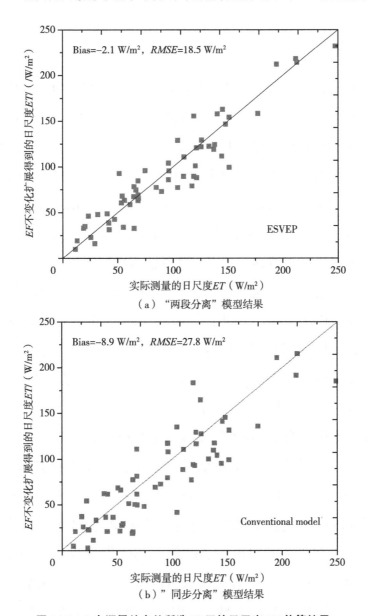

图 2.12 3 个通量站点处所选 58 天的日尺度 ET 估算结果

注：瞬时 *ET* 来源于 "两段分离" 模型（a）和 "同步分离" 模型（b）。

到的瞬时蒸散发，对日尺度 *ET* 估算结果会产生明显的影响。

2.4.6 讨论

"两段分离"模型和"同步分离"梯形模型均为二源模型,与一源模型相比,二源模型可以分别估算得到土壤蒸发与植被蒸腾,因此,在农业和水资源管理等应用中,有助于更好地分配水资源和提高用水效率,更具有实际应用价值(Crow et al., 2008; Long et al., 2012)。前人研究(Long and Singh, 2012; Tang and Li, 2017c)表明2个模型对遥感地表温度数据最为敏感,而对所需气象输入和变量并不敏感。然而,气象输入仍然制约这2个梯形模型的大范围应用。针对这一问题,气象再分析数据可为使得模型的大范围应用成为可能。另外,与多数研究均针对整个研究区构建三角形或梯形空间不同,研究中的梯形模型均是针对研究区内的每个像元进行的,从而可有效考虑不同植被类型或不同粗糙度高度的植被具有不同植被端元温度的问题。

在研究中,"两段分离"模型无论在植被和土壤组分温度估算还是在植被蒸腾和土壤蒸发估算过程中,精度均更高且更稳定。"两段分离"模型相比"同步分离"梯形模型的改进主要为分别考虑了不同深度土壤含水量对土壤蒸发和植被蒸腾的响应过程。目前分别验证土壤蒸发和植被蒸腾的实测数据较少(Talsma et al., 2018),研究中,首先通过土壤和植被组分温度的验证作为土壤蒸发和植被蒸腾估算的初步验证,因为其准确估算决定着蒸散发的准确估算。结果显示土壤和植被组分温度与对应的 ASTER 温度值具有较好的一致性,植被组分温度被低估,其原因可能是 ASTER 温度高估的原因。

蒸散发总量的验证作为土壤蒸发和植被蒸腾估算的第 2 步验证。验证过程也存在一定不确定性，首先是空间尺度的不匹配性，*EC* 测量蒸散发的空间尺度不同于 MODIS 像元分辨率，而且两者在时间尺度上也存在一定的差异，MODIS 数据过境时间并不完全固定，大概在 10：30（Leng et al.，2017）；其次是遥感数据和气象输入数据也会带来一定的不确定性，尤其是地表可利用能量的估算误差，研究中显示其 *RMSE* 接近于 *ET* 估算 *RMSE* 误差的 1/2。

另外，由于 ASTER 数据原因，研究中梯形模型仅应用于 3 个通量站点，而非大区域，而大区域的空间异质性、土壤湿度和植被覆盖差异也会带来一定的不确定性。有研究指出，土壤湿度是该模型的最重要影响因素之一，该模型更适用于土壤湿度是作物生长限制因子的情况。同时，土壤组分温度和植被组分温度差异大于 20 ℃时，由于影响混合像元地表温度（其为土壤组分温度、植被组分温度与植被覆盖度的线性组合），使得模型误差增大。

研究利用蒸发比恒定法时间尺度扩展方法得到日尺度蒸散发，选择蒸发比恒定法的原因是其为应用最广泛的时间尺度扩展方法，在得到瞬时蒸发比后，仅需要日尺度地表可利用能量便可得到日尺度蒸散发。研究中日尺度地表可利用能量采用了实测值，因此，日尺度蒸散发估算误差完全来源于方法本身和瞬时蒸散发估算。

2.5 本章小结

本研究通过利用"两段分离"和"同步分离"梯形模型，估算了美洲通量 3 个站点处的土壤蒸发和植被蒸腾。由于土壤和植被组分温度的准确估算决定着蒸散发的估算，研究首先通过土壤和植被组分温度的验证作为土壤蒸发和植被蒸腾估算的初步验证，总体蒸散发的验证作为另一种验证。结果表明"两段分离"模型估算土壤温度的 $RMSE$ 为 1.56~2.7 K（4.98%~10.16%），估算植被温度的 $RMSE$ 为 2.54~2.8 K（9.73%~11.11%）；"同步分离"梯形模型估算土壤温度的 $RMSE$ 为 2.26~3.64 K（7.31%~13.4%），估算植被温度的 $RMSE$ 为 2.82~4.62 K（9.8%~15.49%）。通过与 RE 校正方法得到的 EC 测量值比较，"两段分离"模型在 3 个站点处估算蒸散发 $RMSE$ 分别为 49.8 W/m² （22.8%）、58.4 W/m²（24%）和 50.6 W/m²（27.2%）；"同步分离"梯形模型估算蒸散发的 $RMSE$ 分别为 89.5 W/m²（41.1%）、72.5 W/m²（29.8%）和 72 W/m²（38.7%）。通过与 BR 校正方法得到的 EC 测量值比较，"两段分离"模型在 3 个站点处估算蒸散发的 $RMSE$ 分别为 51.7 W/m²（24.4%）、53.3 W/m²（24.3%）和 42.6 W/m²（28.1%）；"同步分离"梯形模型估算蒸散发的 $RMSE$ 分别为 78.1 W/m²（36.8%）、70.8 W/m²（32.3%）和 57.5 W/m²（37.9%）。

在得到瞬时蒸散发后，研究利用蒸发比恒定时间尺度扩展方法得到 3 个站点处所的日尺度蒸散发结果。在"两段分离"模型估算得到瞬时参数后，日尺度 ET 估算的偏差为 -2.1 W/m²、$RMSE$ 为 18.5 W/m²；在利用"同步分离"梯形模型估算得到瞬时参数后，日尺度 ET 估算偏差为 -8.9 W/m²，$RMSE$ 为 27.8 W/m²。因此，ESVEP 模型无论在组分温度还是蒸散发分解估算中均具有较高精度，基于 ESVEP 模型估算得到日尺度 ET 的精度明显高于基于"同步分离"梯形模型的结果，该结果表明了基于不估算模型估算得到的瞬时 ET，对扩展得到的日尺度 ET 结果会产生明显的影响。

3 全天无云条件下利用解耦因子方法直接估算日尺度蒸散发

3.1 引言

利用时间尺度扩展方法对遥感瞬时蒸散发进行时间尺度扩展，得到准确的日尺度蒸散发，不仅取决于时间尺度扩展方法本身，也取决于遥感瞬时蒸散发的准确估算。从上一章研究中可以看出，利用不同蒸散发模型进行遥感瞬时蒸散发估算时具有不同精度，在日尺度蒸散发估算中将带来一定程度的不确定性。

因此，本章基于全天无云条件下解耦因子在一天中保持稳定的特性，利用 Decouple 模型发展了日尺度蒸散发直接估算方法，避免了瞬时蒸散发的引入。研究利用提出的方法进行日尺度蒸散发的直接估算，并将估算结果与广泛使用的具有较高精度的参考蒸发比时间尺度扩展方法所得的结果进行比较。

3.2 方法介绍

3.2.1 解耦模型

3.2.1.1 模型原理

解耦（Decouple）模型是基于 Penman 公式，将地表 ET 表示成 2 种不同能量来源控制的能量耦合的形式。地表 ET 的直接能量来源主要有 2 个：一是太阳辐射，二是周围大气显热（空气干燥力）。2 种能量来源所占的比例受到地表和大气系统相互耦合作用的影响。地表和大气系统的耦合程度受地表空气动力学特征控制和影响，该特征可描述地表从周围大气中吸收显热从而将其转变为潜热的能力。具体来说，当地表粗糙度越高，表明地表越容易从周围大气中吸收到显热并将其转换为潜热（Antonio，2004）。基于该原理，利用解耦因子（Ω）来表示地表蒸散发 2 种能量来源所占的比例，同时也表示地表和大气系统的耦合程度，解耦模型计算 ET 的具体公式为（McNaughton and Jarvis，1983）：

$$ET = ET_{rad} + ET_{aero} = \Omega E_{eq} + (1 - \Omega)E_{im} \tag{3.1}$$

式中，ET 为蒸散发总量；ET_{rad} 为蒸散发受辐射控制项；ET_{aero} 为蒸散发受空气动力学控制项；E_{eq} 为平衡蒸发，由地表接收可利用能量决定；E_{im} 为强迫蒸散发，由周围空气的显热输入决定；Ω 是表征大气-地表系统耦合程度的解耦因子。

平衡蒸散发 E_{eq} 和强迫蒸散发 E_{im} 的表达式分别为：

$$E_{eq} = \frac{\Delta}{\Delta + \gamma} \frac{(R_n - G)}{\lambda} \tag{3.2}$$

$$E_{im} = \frac{\rho \times c_p \times VPD}{\lambda \times \gamma \times r_c} \qquad (3.3)$$

解耦因子 Ω 的表达式为：

$$\Omega = \frac{\Delta/\gamma + 1}{\Delta/\gamma + 1 + r_c/r_a} \qquad (3.4)$$

式中，Δ 为饱和水汽压与温度的斜率（kPa/℃）；γ 为干湿球温度计常数（kPa/℃）；r_c 为冠层阻抗（s/m）；r_a 为空气动力学阻抗（s/m）；ρ 为空气密度（kg/m³）；c_p 为定压比热［J/（℃·m³）］；VPD 为饱和水汽压差（kPa）；r_c 为冠层阻抗（s/m）。

解耦因子 Ω 的取值范围为 0~1，具体来说，当空气动力学阻抗 $r_a \to 0$，$\Omega \to 0$，代表从空气动力学的角度考虑，植被系统和大气系统完全耦合，地表 ET 完全受冠层阻抗和饱和水汽压差的控制，此时反馈系统定义为"边界层"反馈系统。这种情况下，地表风速较高，植被气孔内的水汽能快速扩散至叶表面，被周围大气中的空气湍流持续不断地带离叶表面，从而造成气孔内外存在一定的水汽压力差，使得蒸散发过程可以持续不断地进行。当空气动力学阻抗 $r_a \to \infty$，$\Omega \to 1$，代表从空气动力学角度考虑，植被系统和大气系统完全分离，地表 ET 完全受到可利用能量的控制，此时反馈系统为"地表层"反馈系统。此时没有风，空气湍流近乎停滞，植被叶片接收可利用能量，温度升高，气孔内水汽内能增加，无规则运动加剧，不断扩展至气孔（Pereira，2005）。

研究表明大气-植被相互作用的条件在昼夜循环中不会发生太大变化，因此，Ω 在同一天被认为是恒定的，尤其是在完全晴天状况下（Smith and Jarvis，1998；Martin et al.，2001）。因此，研究利用全天无云条件下解耦因子在一天中保持稳定的特性，基于 Decouple 模型直接估算日尺度 ET。

3.2.1.2　基于 CWSI 方法计算 Ω

解耦因子 Ω 可根据其与作物缺水指数（CWSI，Crop Water Stress Index）的关系进行计算。

根据地表潜在蒸发量和实际蒸发量与地表阻抗的关系，当地表供水充足，地表阻抗最小时（r_{s-min}），所对应的蒸散发为地表潜在蒸发 λE_p；当地表受到水分胁迫时，地表阻抗为 r_s，所对应的实际蒸发量为 λE。假定其他条件均相同，地表潜在蒸发和实际蒸发之间存在以下关系：

$$\frac{\lambda E}{\lambda E_P} = \frac{\Delta + \gamma^*}{\Delta + \gamma(1 + r_s/r_{ae})} \tag{3.5}$$

式中，$r^* = r(1 + r_{s-min}/r_{ae})$，$r_{ae}$ 为空气动力学阻抗。

可以看出，式（3.5）右侧与 Ω 的表达式一致，另外，已有研究提出 CWSI、实际蒸散发与潜在蒸散发存在着以下关系（杨永民，2014）：

$$1 - CWSI = \frac{\lambda E}{\lambda E_p} \tag{3.6}$$

因此，有 $CWSI = 1 - \Omega$，根据该关系可以计算 Ω。

CWSI 是基于能量平衡原理，根据作物观测温度与空气温度的差异来衡量作物缺水状态的指数（Jackson et al., 1988）。其计算公式为：

$$CWSI = \frac{(T_S - T_a) - (T_S - T_a)_{min}}{(T_S - T_a)_{max} - (T_S - T_a)_{min}} \tag{3.7}$$

能量平衡方程［式（3.8）］、显热通量［式（3.9）］、潜热通量［式（3.10）］和饱和水气压差［式（3.11）］如下：

$$R_n = G + H + \lambda E \tag{3.8}$$

$$H = \rho C_p (T_s - T_a)/r_{ea} \tag{3.9}$$

$$\lambda E = \rho C_p (e_c^* - e_a)/[\gamma(r_{ae} + r_s)] \tag{3.10}$$

$$\Delta = (e_s^* - e_a^*)/(T_s - T_a) \tag{3.11}$$

综合式（3.8）至式（3.11）可得到冠层温度（T_s）与空气温度（T_a）温差的计算公式（Jackson et al., 1988）：

$$T_s - T_a = \frac{r_{ae}(R_n - G)}{\rho C_p} \frac{\gamma(1 + r_s/r_{ae})}{\Delta + \gamma(1 + r_{ae}/r_s)} - \frac{e_a^* - e_a}{\Delta + \gamma(1 + r_{ae}/r_s)}$$

$$\tag{3.12}$$

当地表极其干燥，$r_s \to \infty$ 时，潜热通量接近于 0，此时所有的地表可利用能量用于加热地表，即用于显热通量，（$T_s - T_a$）取得最大值：

$$(T_s - T_a)_{max} = \frac{r_{ae}(R_n - G)}{\rho C_p} \tag{3.13}$$

当地表供水充足，$r_s \to 0$ 时，（$T_s - T_a$）取得最小值：

$$(T_s - T_a)_{min} = \frac{r_{ae}(R_n - G)}{\rho C_p} \times \frac{\gamma}{\Delta + \gamma} - \frac{e_a^* - e_a}{\Delta + \gamma} \tag{3.14}$$

根据解耦因子 Ω 的计算式（3.4）和上述（$T_s - T_a$）极大值与极小值的计算可以看出，计算过程需要较多气象参数输入，尤其是其中空气动力学阻抗 r_a 的参数化过程较为复杂，使得在区域范围计算 Ω 时存在一定困难和不确定性。

因此，在区域范围计算 Ω 时，其与 $CWSI$ 的关系显得更为重要。而区域范围 $CWSI$ 的计算可根据（$T_s - T_a$）的散点图取最大最小值。

3.2.1.3 利用解耦因子方法计算日尺度 *ET* 的流程

为了规避遥感反演参数带来的误差，解耦因子 Ω 首先完全基于实测数据计算，在计算得到 r_c 和 r_a 后（Boegh et al., 2009），利用式（3.4）计算得到对应 MODIS 过境时刻（10：30）的瞬时 Ω。然后计算日尺度平衡蒸散发 E_{eq} 和日尺度强迫蒸散发 E_{im}，其中所需日尺度净辐射通量值和土壤通量值采用日内 48 个 0.5 h 尺度测量值的平均值，所需日尺度饱和水汽压差为日尺度饱和水汽压与日尺度气温下对应的气压之差。然后利用瞬时 Ω 和日尺度 E_{eq} 和 E_{im}，基于解耦模型估算得到日尺度 ET。

基于遥感数据计算时，解耦因子 Ω 利用其与 $CWSI$ 的关系进行计算，其中 T_s、R_n 和 G 通过 MODIS 数据得到，T_a 和 e_a 为所需气象输入数据，结合瞬时 Ω 和日尺度 E_{eq} 和 E_{im}，计算得到日尺度 ET（图 3.1）。

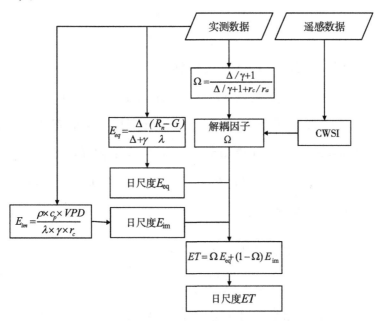

图 3.1　基于解耦因子方法进行日尺度 ET 估算的流程图

3.2.2 参考蒸发比恒定时间尺度扩展方法

参考蒸发比恒定时间尺度扩展方法是目前广泛使用的精度较高的蒸散发时间尺度扩展方法（Tang et al.，2013），有关该方法的具体介绍详见 1.2.3.3 节。

参考蒸发比（EF_r）是像元实际蒸散发（ET）与参考蒸散发（ET_r）的比值，EF_r 的表达式为：

$$EF_r = \frac{ET}{ET_r} \tag{3.15}$$

参考蒸发比恒定时间尺度扩展方法中，假定瞬时参考蒸发比与日尺度参考蒸发比相等，即假定：

$$EF_r = \frac{ET_i}{ET_{ri}} = \frac{ET_d}{ET_{rd}} \tag{3.16}$$

日蒸散发（ET_d）可由下式得到：

$$ET_d = (EF_r)(ET_{rd}) = (ET_i/ET_{ri})(ET_{rd}) \tag{3.17}$$

式中，参考蒸散发通常基于供水充分的苜蓿参考面，利用 Penman-Moenteith 方程计算得到。假定参考作物高度 0.12 m，白天阻抗为 50 s/m，夜晚阻抗 200 s/m，反射率 0.23（Allen et al.，1998，2006）。表达式为：

$$ET_r = \frac{0.408\Delta(R_n - G) + \gamma \dfrac{C_n}{T_a + 273}u_2(e_s - e_a)}{\Delta + \gamma(1 + C_d u_2)} \tag{3.18}$$

式中，Δ 是饱和水汽压对温度的导数（kPa/℃）；R_n 为地表净辐射（W/m²）；G 是土壤热通量（W/m²）；γ 是干湿球温度计常数（kPa/℃）；C_n 值在日尺度为 900，小时尺度为 37；$e_s - e_a$ 为水汽压亏损（kPa）；T_a 为大气温度（℃）；C_d 在白天为 0.24，夜晚为 0.96；u_2 为 2 m 高度处的风速（m/s）。日尺度参考蒸散发也可通过累计的 1 h（0.5 h）参考蒸散发值得到（Chávez et al.，2008）。

3.2.3 基于遥感数据进行参数估算

研究所需冠层温度 T_s 从遥感地表温度产品直接得到。地表净辐射 R_n（W/m^2）通过下列公式计算得到：

$$R_n = (1 - \alpha)R_g + \varepsilon_s \varepsilon_a \sigma T_a^4 - \varepsilon_s \sigma T_s^4 \qquad (3.19)$$

式中，α 是地表反射率；R_g（W/m^2）为短波太阳辐射；ε_s 是地表发射率；ε_a 是大气发射率；σ 是斯蒂芬玻尔兹曼常数。

为了计算地表反射率 α，Tasumi et al.（2008）提出了利用 MODIS 1~7 波段的反射率及其经验系数计算的方法，但是 5 波段的图像条纹严重影响了该波段系数的应用。因此，α 通过 MODIS 窄波段反射率数据除去波段 5 的其他波段反射率通过回归的经验公式得到：

$$\alpha = 0.25125\alpha_1 + 0.17588\alpha_2 + 0.10050\alpha_3 +$$
$$0.10050\alpha_4 + 0.12060\alpha_6 + 0.25125\alpha_7 \qquad (3.20)$$

式中，α_i 为各个窄波段的反射率（i=1，2，3，4，6，7）。

土壤热通量 G 与地表净辐射 R_n 之间存在比例关系，研究中根据该比例关系进行 G 的计算，利用 Bastiaanssen et al.（1998）提出的而后由 Tang et al.（2013）改进后的经验关系计算该比例值，该经验关系是 $NDVI$ 与 T_s 的函数：

$$G/R_n = [0.576 - 0.382NDVI - 0.007(T_s - 273.15)]$$

$$(3.21)$$

3.3 研究站点与数据

3.3.1 研究站点

研究进行方法验证所选站点位于禹城综合试验站（以下简称禹城站，36.829 1° N，116.570 3° E）。该站点位于山东省禹城市西南，是中国通量观测站点的一部分，长期观测陆-气系统中二氧化碳、水汽和热量循环。站点平均海拔 28 m，地貌类型为黄河冲积平原。土壤类型为沙壤土，属于暖温带半湿润季风气候区，多年平均气温 13.1℃，降水量 528 mm。地表覆盖类型主要可分为作物（冬小麦、夏玉米轮作）、裸土、树和水体。

3.3.2 站点气象与通量数据

本研究所用站点数据包括气象数据、辐射数据和 EC 测量通量数据，数据时间分辨率为 0.5 h，研究时间从 2009 年 4 月至 2010 年 10 月底，覆盖该站点主要作物（冬小麦和夏玉米）的 2 个生育期。

气象数据包括气温、风速、大气压强、相对湿度等。辐射数据包括上下行短波或长波辐射数据以及土壤热通量数据，其中上下行短波或长波辐射数据通过辐射计测量得到，土壤热通量数据通过土壤热通量板测量得到。EC 测量的通量数据包括潜热通量数据（LE）和显热通量数据（H），该数据经过了一系列质量控制步骤用以验证模型估算结果。具体来说，根据净辐射的极值，去除小于-100 W/m^2 和大于 700 W/m^2 的 *LE* 和 *H* 数据 （Tang et al., 2013）。如上一章中所示，*EC* 测量的通量数据普遍存在能量不平衡现象，因此，本章也利用 *BR* 校正方法和 *RE* 校正方法对其进行了能量不平衡校正。

3.3.3 MODIS 数据

研究所用 MODIS 产品数据包括辐射产品数据（MOD021KM）、地表温度产品（MOD11_L2）、地表反射率产品（MOD09GA）、几何校正信息产品（MOD03）和云掩膜产品（MOD35），数据从 LAADS 网站下载得到。MOD021KM 产品包括 36 个波段经过校准和地理定位的辐射和大气层顶（TOA）反射率，研究中用来进行地表净辐射的估算。二级产品 MOD11_L2 是通过劈窗算法得到的时间分辨率为 1 天的地表温度产品（Wan and Dozier, 1996），其空间分辨率为 1 km。MOD03 产品包括地理坐标（纬度和经度）、太阳天顶角、方位角，观测天顶角和方位角以及地面高程信息，空间分辨率为 1 km，用来对 MOD11_L2 进行几何校正。MOD09GA 用来提供 1~7 波段的反射率，空间分辨率为 500 m，通过双线性重采样方法采样至 1 km 分辨率，用来估算宽波段反射率。云掩膜产品 MOD35 用来辅助进行晴天数据选择。

由于解耦因子方法在完全晴天条件下保持较好的稳定性，因此，研究首先基于第 2 章中所述的晴天时刻判定方法，进行了研究站点天气情况的判定，选取了 45 个完全晴天用于后续研究，具体见表 3.1。

表 3.1　所选禹城站点晴天日序数

年份	日序数
2009	117；123；124；125；127；128；131；138；151；199；223；243；244；256；264；266；277；279；282；286；305
2010	023；025；066；068；075；113；116；118；130；131；132；135；138；139；145；153；203；205；210；241；265；269；276；278

为了规避利用 MODIS 遥感数据进行模型所需参数反演时带来的误差，首先完全基于地面实测数据进行了模型的验证，然后基于 MODIS 遥感数据计算所需参数，结合部分气象数据进行模型的验证，因此，验证结果分析部分包括基于地面实测数据和基于 MODIS 数据。

3.4　结果与验证

3.4.1　基于地面实测数据

3.4.1.1　解耦因子日内（8:00—18:00）变化

研究首先完全基于地面实测数据，利用式（3.4）进行了 45 个所选晴天每 0.5 h 时间尺度解耦因子 Ω 的计算。然后将 45 个白天（8:00—18:00）每 0.5 h 对应各个时段计算所得的 Ω 取均值（即图中每个时刻的 Ω 值均为 45 个晴天的均值），如图 3.2 所示，用以显示 Ω 的日内变化情况。从图中可以看出，8:00—18:00，Ω 值随时间的变化接近于 1 条直线，在早晨（9:00 之前）和傍晚（17:00 之后）出现稍微偏高的现象。总体可以看出，在完全晴天

条件下解耦因子 Ω 的日内变化较小，各个时段近似相等。

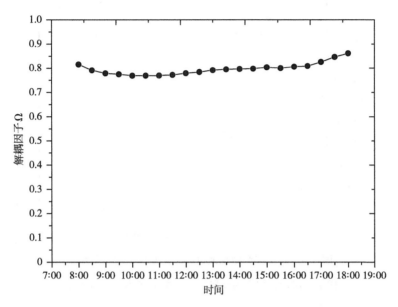

图 3.2 基于实测数据计算的 Ω 在 45 个晴天白天时段

（8：00—18：00）的变化情况

3.4.1.2 采用未校正潜热通量进行结果验证

基于地面实测数据计算得到日尺度平衡蒸散发 E_{eq} 和强迫蒸散发 E_{im} 后，利用对应卫星过境时刻（10：30）的瞬时解耦因子代替日尺度解耦因子值，利用解耦模型直接计算得到日尺度 ET 值。同时，利用参考蒸散发比恒定法将对应卫星过境时刻的（10：30）实测瞬时蒸散发进行日尺度扩展，得到日尺度 ET 值。图 3.3 为完全基于实测数据通过解耦因子方法直接估算得到的日尺度 ET 值和利用参考蒸发比恒定法进行日尺度扩展得到的日尺度 ET 值与未进行能量不平衡校正的 EC 测量值的比较，对应的比较结果的统计值见表 3.2。

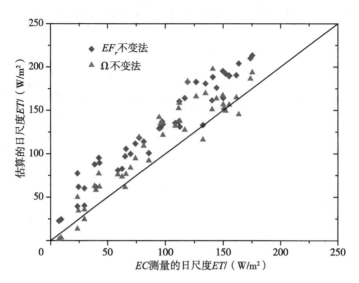

图 3.3　基于实测数据通过参考蒸发比恒定法和解耦
因子方法计算得到的日尺度 *ET* 值与 *EC* 测量值的比较

图 3.3 可以看出，与未校正的 *EC* 测量值比较，通过解耦因子方法直接估算得到的日尺度 *ET* 值和利用参考蒸发比恒定法进行日尺度扩展得到的日尺度 *ET* 值均表现出较为严重的高估现象。具体来说，基于解耦因子方法直接计算得到的 *ET* 估算偏差为 17.9 W/m²，*RMSE* 为 25.9 W/m²，决定系数 R^2 为 0.879；利用参考蒸发比恒定时间尺度扩展方法得到的 *ET* 值估算偏差为 32.8 W/m²，*RMSE* 为 35.8 W/m²，决定系数 R^2 为 0.926，较大的正值偏差反映出 2 种方法严重的高估。

第 2 章中指出 *EC* 测量的能量通量存在较为严重的能量不平衡现象，2 种方法均表现出的系统性高估现象有可能源于 *EC* 测量通量的能量不平衡。因此，下一节对 *EC* 测量的通量进行能量不平衡校正后再进行 2 种方法估算结果的验证，其中能量不平衡的校正采用第 2 章中提到的波文比（*BR*）校正法和余项法（*RE*）校正法。

3.4.1.3　采用校正后的潜热通量的验证结果

图 3.4 为所选 45 个晴天中未进行能量平衡校正的 *EC* 测量的日尺度潜热通量和采用 *BR* 方法与 *RE* 方法进行能量不平衡校正后的日尺度潜热通量值的对比图。

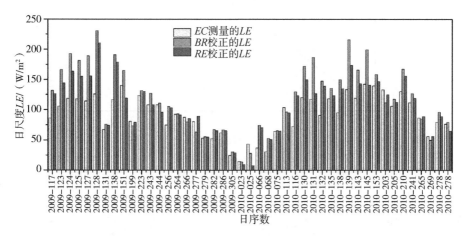

图 3.4　2009—2010 年所选 45 个晴天站点实测的瞬时尺度校正和未校正的潜热通量

图中可以看出，随着所选晴天的时序变化，*EC* 测量的能量通量呈现出相应的周期性和季节性变化。对比校正前后的潜热通量，采用 2 种方法校正后的潜热通量大部分高于校正前的 *EC* 测量值。2 种校正方法校正得到的潜热通量值存在一定差异，其中 *BR* 校正方法得到的潜热通量与 *EC* 直接测量值的差异更大，所选 45 个晴天中有 17 天大于 50 W/m²，部分晴天中（2009-128）该差异甚至大于 100 W/m²。

然后用能量不平衡校正后的潜热通量值对基于实测数据通过参考蒸发比恒定法和解耦因子方法估算得到的日尺度 *ET* 值进行验证。结果如图 3.5 所示，其中图 3.5（a）为估算的 *ET* 与 *RE* 校正

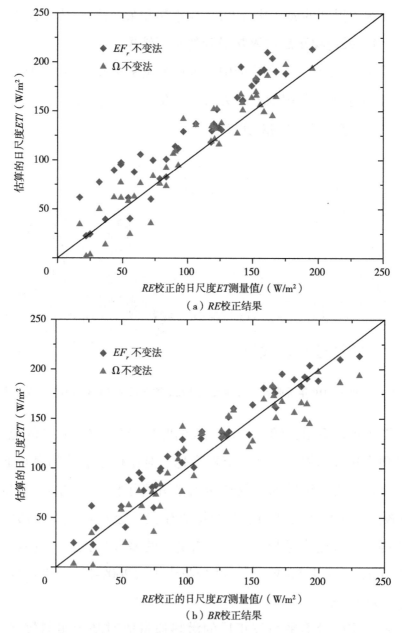

（a）RE校正结果

（b）BR校正结果

图3.5　基于实测数据得到的日尺度 *ET* 值与 *RE* 方法（a）和

BR 方法（b）校正的 *EC* 测量值的比较

方法校正得到的潜热通量的比较，图 3.5（b）为估算的 *ET* 与 *BR* 校正方法校正得到的潜热通量的比较，估算结果的统计值见表 3.2。

表 3.2　基于实测数据通过 2 种计算方法得到的日尺度
ET 值与测量值的比较统计值

		偏差/（W/m²）	*RMSE*/（W/m²）	R^2
未校正	Ω 不变法	17.9	25.9	0.879
	EF,不变法	32.8	35.8	0.926
RE 校正	Ω 不变法	7.4	19.3	0.893
	EF,不变法	19.8	29.7	0.898
BR 校正	Ω 不变法	−4.7	16.2	0.860
	EF,不变法	10.5	18.2	0.940

从图 3.5 可以看出，与 *RE* 校正方法校正得到的潜热通量值比较，2 种方法估算日尺度 *ET* 的高估现象有所改善，解耦因子方法的估算结果与校正后的潜热通量结果更为接近。与 *BR* 校正方法校正得到的潜热通量进行比较，通过参考蒸发比恒定法和解耦因子方法计算得到的日尺度 *ET* 的高估现象明显降低，估算得到的 *ET* 值与测量值均具有更好的一致性。

从表 3.2 中可以看出，与 *RE* 校正方法校正得到的潜热通量值比较，基于解耦因子方法直接计算得到的 *ET* 值估算偏差为 7.4 W/m²，*RMSE* 为 19.3 W/m²，决定系数 R^2 为 0.893；利用参考蒸发比恒定时间尺度扩展方法得到的 *ET* 值估算偏差为 19.8 W/m²，*RMSE* 为 29.7 W/m²，决定系数 R^2 为 0.898。与 *BR* 校正方法校正得到的潜热通量值比较，基于解耦因子方法直接计

算得到的 ET 值估算偏差为-4.7 W/m^2，$RMSE$ 为 16.2 W/m^2，决定系数 R^2 为 0.86；利用参考蒸发比恒定时间尺度扩展方法得到的 ET 值估算偏差为 10.5 W/m^2，$RMSE$ 为 18.2 W/m^2，决定系数 R^2 为 0.94。可以看出，相比实测的 EC 测量值，解耦因子方法估算日尺度 ET 的估算偏差和 $RMSE$ 均较小。经过能量不平衡校正后，2 种方法的高估明显减少，尤其是与 BR 校正测量值相比，解耦因子方法出现低估，2 种方法与校正后结果具有很好的一致性，参考蒸发比方法仍然高估。

3.4.2 基于 MODIS 数据

基于 MODIS 遥感数据计算所需参数（地表温度 T_s，净辐射 R_n，土壤热通量 G），结合部分气象数据进行模型的验证。

3.4.2.1 地表温度遥感估算结果

由于实测的地表温度数据一般为点数据，空间代表性较差，因此，研究利用地面辐射计测量的长波辐射值反算得到的地表温度数据来验证 MODIS 地表温度数据。所选 45 个晴天 MODIS 地表温度 T_s 与通过长波辐射测量值估算的地表温度值的比较见图 3.6。与长波辐射测量值计算的地表温度数据相比，可以看出 MODIS 地表温度轻微高估，估算偏差为 1.1 K，$RMSE$ 为 1.9 K，精度在可接受范围内，MODIS 地表温度的误差主要来源于 MODIS 产品大气校正，像素位移或几何校正等的误差（Tang and Li，2008）。

3.4.2.2 地表可利用能量的遥感估算结果

研究中 MODIS 数据估算的地表净辐射（R_n）用于瞬时解耦因

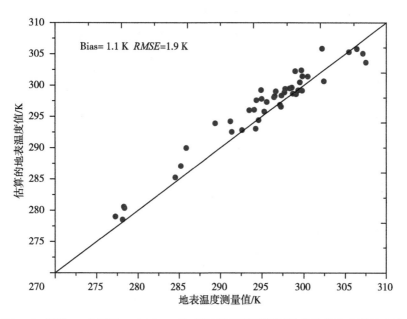

图 3.6 所选 45 个晴天 MODIS Ts 与通过长波辐射测量值估算的温度值的比较

子 Ω 的计算；日尺度平衡蒸散发 E_{eq} 和强迫蒸散发 E_{im} 中的日尺度净辐射值仍然采用日内实测 48 个 0.5 h 值的均值，后期模型用于大区域范围时可将瞬时净辐射值扩展至日尺度或者利用多个时刻反演的净辐射值进行日尺度值估算，地表可利用能量情况类似。

图 3.7 为利用 MODIS 数据估算的地表净辐射（R_n）和地表可利用能量（R_n-G）估算值与对应实际测量值的比较。图中显示，R_n 估算的偏差为 15.2 W/m²，估算 $RMSE$ 为 45.7 W/m²；地表可利用能量的估算偏差为 4.4 W/m²，估算 $RMSE$ 为 37.6 W/m²。相比地表净辐射，地表可利用能量具有较高的估算精度，原因可能是部分估算误差分配至土壤热通量的原因。地表可利用能量的较高估算精度为利用模型准确估算日尺度 ET 提供了初步保证。

图 3.8 为通过解耦因子方法和参考蒸发比恒定时间尺度扩展方

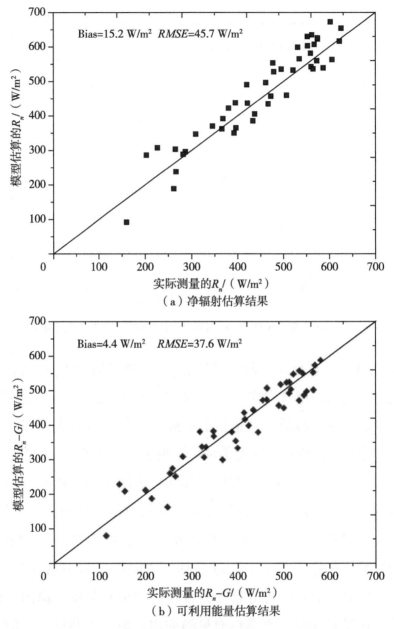

（a）净辐射估算结果

（b）可利用能量估算结果

图 3.7　利用 MODIS 数据估算得到的地表净辐射（R_n）与地表可利用能量

（R_n-G）估算值与对应地面实测值的比较

法基于 MODIS 数据估算得到的日尺度 *ET* 值与 *BR* 方法校正的 *EC*
测量值的比较。由于通过完全基于实测数据的结果看出，该站点
处，*ET* 估算结果与 *BR* 校正后的 *EC* 测量值更加接近，因此，基于
遥感数据的估算结果只与 *BR* 校正后的 *EC* 测量值进行比较。图中
可以看出，通过解耦因子方法和参考蒸发比恒定法时间尺度扩展
估算得到的日尺度 *ET* 值与实测值具有较好的一致性。通过参考蒸
发比恒定时间尺度扩展方法得到的日尺度 *ET* 大部分高估，而通过
提出的解耦因子方法直接估算得到的日尺度 *ET* 更多出现低估。

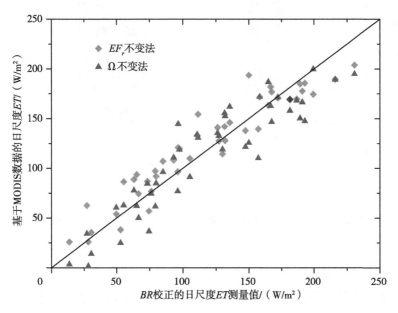

图 3.8　基于遥感数据计算得到的日尺度 *ET* 值与 *BR* 方法校正的 *EC* 测量值的比较

　　基于 MODIS 计算得到的日尺度 *ET* 值与 *BR* 方法校正的 *EC* 测
量值的比较结果的统计偏差和 *RMSE* 见图 3.9。可以看出，参考蒸
发比恒定时间尺度扩展方法估算得到的日尺度 *ET* 偏差为
9.8 W/m²，*RMSE* 为 19.4 W/m²，*R*² 为 0.878；解耦因子方法直接

估算得到日尺度 ET 偏差为-5 W/m^2，$RMSE$ 为 18.6 W/m^2；R^2 为 0.901。解耦因子方法与参考蒸发比法具有较为一致的估算精度，但参考蒸发比恒定时间尺度扩展方法得到的日尺度 ET 具有较为严重的高估现象。

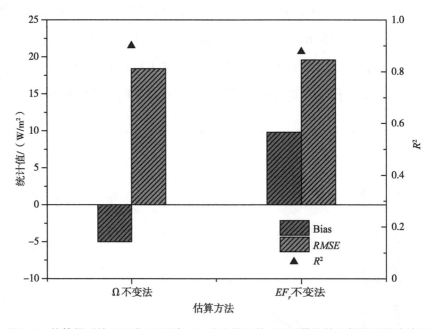

图 3.9　估算得到的日尺度 ET 值与 BR 方法校正的 EC 测量值的比较结果的统计值

3.4.2.3　讨论

为了规避遥感反演参数带来的误差，解耦因子 Ω 首先完全基于实测数据计算，然后计算日尺度平衡蒸散发 E_{eq} 和日尺度强迫蒸散发 E_{im}，基于解耦模型估算得到日尺度 ET。然后，基于遥感数据，解耦因子 Ω 利用其与 $CWSI$ 的关系进行计算，结合瞬时 Ω 和日尺度 E_{eq} 和 E_{im}，计算得到日尺度 ET。在具体应用中，根据解耦因子 Ω 的计算公式计算过程需要较多气象参数输入，尤其是其

中空气动力学阻抗 r_a 的参数化过程较为复杂，仅适用于站点处蒸散发估算；在进行区域范围应用该模型时，Ω 的计算根据其与 *CWSI* 的关系进行计算。

研究利用提出的方法进行了日尺度蒸散发的直接估算，并将估算结果与广泛使用的具有较高精度的参考蒸发比恒定时间尺度扩展方法所得的结果进行比较。在通过参考蒸发比恒定时间尺度扩展方法扩展得到日尺度 *ET* 的过程中，瞬时 *ET* 采用了实际测量值，因为不同蒸散发模型进行遥感瞬时蒸散发估算时具有不同精度，在日尺度蒸散发估算中会带来一定程度的不确定性。后期研究中可尝试用多种瞬时蒸散发估算模型计算得到瞬时 *ET*，利用参考蒸发比恒定法进行时间尺度扩展得到日尺度 *ET*，然后与本章提出的方法的直接估算结果进行比较。

3.5 结论与小结

本研究基于解耦因子在全天无云条件下保持不变的特征，利用 Decouple 模型发展了日尺度蒸散发的直接估算方法，并将估算结果与广泛使用的具有较高精度的参考蒸发比恒定时间尺度扩展方法得到的结果进行了比较，在参考蒸发比恒定法瞬时 *ET* 采用实测值的条件下，研究提出的方法具有与参考蒸发比一致的估算精度。研究提出日尺度 *ET* 直接估算方法避免了利用传统时间尺度扩展方法进行日尺度 *ET* 估算时需要计算瞬时蒸散发的问题，不受瞬时蒸散发估算误差影响。

4 卫星过境时刻无云条件下时间尺度扩展方法的云影响分析

4.1 引言

目前发展的遥感瞬时蒸散发时间尺度扩展方法大部分是通过假定与蒸散发密切相关的变量（如地表可利用能量、参考蒸散发、地表阻抗等）与蒸散发的比值在一天中具有较好的稳定性，在得到卫星过境时该比值和日尺度变量的基础上通过将瞬时比值应用至日尺度而得到一整天的蒸散发值。可以看出，与蒸散发密切相关的变量和蒸散发之间的比值在一天中的稳定性是进行瞬时蒸散发日尺度扩展的关键。

目前发展的这些时间尺度扩展方法大部分基于完全晴天状况，而在实际应用中，有云天普遍存在。有云出现时，这些比例关系在一天中是否依然保持稳定？以及这些时间尺度扩展方法受云影响的程度如何？在不同云特征（云现时间、云覆盖厚度和持续时间）下的适用性如何？有关这些问题的系统性研究相对较少。

因此，本章系统分析不同云特征（云现时间、云覆盖厚度和持续时间）对 3 种常见瞬时蒸散发时间尺度扩展方法［蒸发比

（EF）恒定法、参考蒸发比（EF_r）恒定法和地表接收太阳辐射比（R_g）恒定法〕的影响，探寻受云影响最小的时间尺度扩展方法。

4.2 研究方法与数据

研究采用土壤-植被-大气能量转换与传输模型 ALEX（Atmosphere-Land Exchange）分别模拟不同云特征（云现时间、云覆盖厚度和持续时间）条件下的土壤、植被能量与土壤水分状态的变化，得到研究时间段内的土壤和冠层组分的净辐射通量、土壤热通量、潜热通量和显热通量，分析不同云特征（云现时间、云覆盖厚度和持续时间）对 3 种常用蒸散发时间尺度扩展方法〔蒸发比（EF）恒定法、参考蒸发比（EF_r）恒定法和地表接收太阳辐射比（R_g）恒定法〕的影响。

4.2.1 ALEX 模型

ALEX 是 Anderson et al.（1997）提出的描述陆地表面与大气之间水分、热量以及碳交换的二源（土壤和植被）模型（Anderson et al.，2000；Houborg et al.，2009；Rasmus et al.，2009）。在 ALEX 模型中，测量高度处的潜热通量（LE）包括冠层气孔的蒸腾（LE_c）和土壤表层的蒸发（LE_s）。由于对流等作用，冠层显热（H_c）和土壤表面显热（H_s）之间进行传导，冠层空气之间也存在冠层显热（H_c）的空间传导。碳通量的同化包括通过叶片气孔的呼吸产生的冠层二氧化碳通量损失（Ac），土壤通过根系的呼吸产生二氧化碳通量的损失（As）。这些通量由串并联形式的阻抗进行调节，使得系统土壤和冠层组分不断调节冠层内的空气温度和水气压（Houborg et al.，2009）。该模型产生的潜热通量和碳通量与具有物理机制的光合模型的估算值能很好地吻合，并且与通量的实际测量值具有很好的一致性。ALEX 模型已被应用于多种气候条件下，并表现出较好的稳健性（Lu et al.，2013）。

模型基于的最基本原理为陆地表面的能量平衡方程：

$$R_n = G + H + LE \tag{4.1}$$

式中，R_n 为地表净辐射，G 为土壤热通量，H 为显热通量，LE 为潜热通量。

具体来说，在 ALEX 模型中，上述能量平衡方程中的各能量组分分别表示为：

净辐射：

$$R_n = R_{n,c} + R_{n,s} \tag{4.2a}$$

$$R_{n,c} = H_c + LE_c \tag{4.2b}$$

$$R_{n,s} = H_s + LE_s + G \tag{4.2c}$$

显热通量：

$$H = H_c + H_s \tag{4.3a}$$

$$H = \rho c_p \frac{T_{ac} - T_a}{R_a} \tag{4.3b}$$

$$H_s = \rho c_p \frac{T_s - T_{ac}}{R_s} \tag{4.3c}$$

$$H_c = \rho c_p \frac{T_c - T_{ac}}{R_x} \tag{4.3d}$$

潜热通量：

$$LE = LE_c + LE_s \tag{4.4a}$$

$$LE = \frac{\rho c_p}{\gamma_p} \times \frac{e_{ac} - e_a}{R_a} \qquad (4.4\text{b})$$

$$LE_s = \frac{\rho c_p}{\gamma_p} \times \frac{e_s - e_{ac}}{R_s} \qquad (4.4\text{c})$$

$$LE_c = LE_{ce} + LE_{ct} \qquad (4.4\text{d})$$

$$LE_{ce} = \frac{\rho c_p}{\gamma_p} \frac{e \times (T_c) - e_a}{R_x / f_{wet}} \qquad (4.4\text{e})$$

$$LE_{ct} = f[T_c, e_{ac}] \qquad (\text{光能利用率子模型}) \qquad (4.4\text{f})$$

土壤热通量：

$$G = f[T(z), W_v(z)] \qquad (\text{土壤传输子模型}) \qquad (4.5)$$

式中，T 表示温度（K）；e 表示水汽压（kPa）；R 表示传输阻抗（s/m）；ρ 为空气密度（kg/m^3）；c_p 为常温下的定压比热 [J/（℃·m^3）]；γ_p 为干湿球湿度计常数（kPa/K）。下标"a""ac"和"x"分别代表冠层的上方、冠层内部和边界层内部，而"s"和"c"分别表示土壤和冠层组分。

ALEX 模型中采用了一种简单的分析方法来进行地表净辐射（取决于叶子和土壤的光学特性以及叶面积指数）的分解（分解为土壤净辐射 $R_{n,s}$ 和冠层净辐射）。土壤和冠层组分的能量平衡由分配到其组分上的净辐射（$R_{n,s}$ 和 $R_{n,c}$）进行驱动，即式（4.3）和式（4.4）。模型中冠层蒸腾（LE_{ct}）和土壤热通量（G）通过 ALEX 中的子模型进行估算。土壤热通量利用作为 ALEX 下边界层的多层数值模型进行计算，该模型同时提供了土壤蒸发速率和土壤表面水汽压（e_s）的计算方法。冠层蒸发取决于湿叶的叶面积指数（LAI）所占的比例（f_{wet}）。

ALEX 模型计算效率高，模型需要大气强迫数据，土壤属性和植被特征数据作为模型的输入。表 4.1 给出了模型所需的输入参数，共 57 个变量。

表 4.1　ALEX 模型的详细输入参数

变量	含义	取值	单位
Xlat	站点纬度	36	°
xlong	站点经度	116	°
stdlng	标准经度	120	°
ipond	是否有洼地？0：否，1：是	0	——
refhtw	风速的观测高度	10	m
itype	植被类型	玉米	——
xl	叶片宽度	0.03	m
z0th	粗糙度长度和植被高度的比值	0.13	——
dispdh	零平面位移和植被高度的比值	0.67	——
clump	聚簇因子	1	——
ngday	模型模拟天数	12	——
gdoy	儒略日	178	——
dlai	叶面积指数	0~6.8	m^2/m^2
dfg	绿叶所占比例	1	——
dheight	植被高度	0~2.2	m
aleafv	活叶在可见光波段的吸收率	0.85	——
aleafn	活叶在近红外波段的吸收率	0.15	——
aleafl	活叶在热红外波段的吸收率	0.97	——
adeadv	死叶在可见光波段的吸收率	0.6	——
adeadn	死叶在近红外波段的吸收率	0.15	——
adeadl	死叶在热红外波段的吸收率	0.97	——
droot	根的深度	0.3	m

续表

变量	含义	取值	单位
pintmxlf	冠层叶子所能蓄水的最大水量	0.15	mm
fwetmx	湿叶片比例的最大值	0.2	—
fwetmin	湿叶片比例的最小值	0.1	—
ndsoil	土壤的分层数	12	
zsoil（ndsoil）	各层土壤对应的深度		m
wti（ndsoil）	初始的土壤体积含水量	0~0.43	—
tsolbc	土壤下边界层温度	15	℃
rsoilv	土壤在可见光波段的反射率	0.15	—
rsoiln	土壤在近红外波段的反射率	0.25	—
emsoil	土壤的比辐射率	0.96	—
nlsoil	土壤类型的种类	1	—
zlsoil	土壤层的最大深度	2	m
bd	体积密度	1.5	g/cm^3
sand	沙土所占比例	0.05	—
silt	粉沙所占比例	0.7	—
clay	黏土所占比例	0.25	—
qrtz	石英所占比例	0	—
pe	土壤的进气势	−2.1	J/kg
BX	土壤排水曲线的指数	6	—
dak	土壤饱和传导度	$4×10^{-4}$	$(kg \cdot s) /m^3$
IDOROC	是否有岩石层？0：否，1：是	0	—
irocly	岩石层开始的层数	6	—
akrock	岩石层的热传导度	2.5	$W/m \cdot K$
CPROCK	岩石层的热容量	2.2	$J/ (g \cdot k)$

　　研究中模拟的植被类型分别为玉米和小麦，其中植被高度和叶面积指数变化范围为 0~2.2 m 和 0~6.5 m^2/m^2。土壤热力学参

数中，饱和含水量为 0. 435，田间持水量为 0. 28，萎蔫点含水量为 0. 15。土壤垂向分层 12 层，土壤 0~5 cm 表层分为 6 层，根区分为 6 层。

模型默认输出的参数主要包括土壤和植被组分净辐射、显热通量、潜热通量、组分温度、植被光合速率和土壤呼吸速率、水汽压亏缺以及冠层气孔阻抗等。地表温度根据土壤和植被组分温度根据下列公式计算得到：

$$T_s = \left[F_r T_c^{\,4} + (1 - F_r) T_s^{\,4} \right]^{1/4} \tag{4.6}$$

式中，F_r 为植被覆盖度，T_c 和 T_s 分别为植被和土壤的组分温度。

下面具体介绍 ALEX 模型的土壤蒸发子模型、冠层蒸腾子模型以及所涉及的具体的水热传输过程。

（1）土壤蒸发子模型

在 ALEX 模型中，土壤结构中具有分层的水力学与热学特性，土壤中的水热传输通过 Campbell （1985） 算法实现。随着土壤深度 z 的变化，土壤温度 $[T(z)]$ 和土壤含水量 $[W_v(z)]$ 随之发生变化，变化通过二阶时变差分方程体现，方程通过牛顿-拉普森有限差分方法进行求解。

随着土壤深度变化，土壤水分变化速率如下：

$$\frac{\partial W_v}{\partial t} = \frac{\partial}{\partial z}\left(K_w \frac{\partial \psi}{\partial z} - K_w g\right) - U \tag{4.7}$$

式中，W_v 表示体积含水量 （m³/m³）；K_w 表示土壤水力传导度 （kg · s/m³）；ψ 为土壤水势 （J/kg）；g 为重力加速度 （m/s²）；$K_w g$ 为重力排水量 ［kg/ (m² · s)］；U 为体积漏水量

[kg/（m² · s）]。

随着土壤深度 z 的变化，土壤中植被根系的变化呈现指数分布。其中，位于土壤深度 z 和 $z+\Delta z$ 之间根系分布通过下面公式进行估算：

$$F_{root}(z) = \frac{e^{-\tau z} - e^{-\tau(z+\Delta z)}}{1 - e^{-\tau d\tau}} \tag{4.8}$$

式中，$d\tau$ 表示根系的深度（m），τ 为经验分布系数（Norman and Campbell，1983）。

在 ALEX 模型中，定义了一个地表径流产生之前所能储存水量的最大深度 [h_{max}（mm）]。如果有暴雨发生，给定一定的时间，土壤表面的累积水量可能会超过地表的下渗水量，这样超出的水量以 2 种形式存在：或暂时形成水洼储存，随后进行下渗；或以径流的形式排出去。

ALEX 模型中土壤蒸发子模型对应的热量传输过程中，土壤温度廓线以及土壤中的热传导通过求解热通量时变差分方程得到：

$$\rho_s c_s \frac{\partial T}{\partial t} = \frac{\partial}{\partial z}(\lambda_s \frac{\partial T}{\partial z}) + Q_H \tag{4.9}$$

式中，t 为时间（s）；z 为地表以下的深度（m）；$\rho_s c_s$ 为土壤体积热容量（J/m³ · K）；λ_s 为土壤热传导率 [J/（cm² · s · K）]；Q_H 为土壤表面热源；Δz 为土壤表层厚度（m）。

土壤表面的热通量通过对上述方程进行积分得到：

$$G = \rho_s c_s \Delta z \frac{\partial T}{\partial t}\big|_{z=0} + \lambda_s \frac{\partial T}{\partial z}\big|_{z=0} \tag{4.10}$$

（2）冠层蒸发子模块

冠层在有降水发生时在相对短期内可能会有截留或下落雨发

生，同时，假定每片叶子的两面能被降水打湿的情况相同。冠层的最大截流量（W_{imax}，mm）表示为叶面积指数（LAI）的线性函数：

$$W_{imax} = 2 \times W_{imax} \times LAI \qquad (4.11)$$

式中，W_{imax}为单位单面叶面积最大蓄水量（mm），根据植被覆盖度（F_r）的不同，降水（Pricipitation）一部分分配给冠层截流，另一部分降落至土壤表层，降水分配直到达到最大截留量：

$$W_i = \min(F_r \times Pricipitation,\ W_{imax}) \qquad (4.12)$$

任何超出的降水都会到达地面。通常情况下，截留到叶片的水量并没有均匀地分布于叶面，而是会形成一定大小的水珠，从而使得部分的叶面没有被积水覆盖，气孔的蒸腾和同化仍然照常进行。ALEX 模型中，被水珠所覆盖的叶面积所占的比例（f_{wet}）随截留的降水呈线性增长，直到截留蓄水量所能达到的最大值$f_{wet\,max}$，没有被水珠所覆盖的冠层的其余部分则被认为是干叶。湿叶和干叶比例表示为：

$$f_{wet} = \frac{W_i}{W_{imax}} f_{wet\,max} \qquad (4.13a)$$

$$f_{dry} = 1 - f_{wet} \qquad (4.13b)$$

叶片表面的积水蒸发通过以下公式计算得到：

$$LE_{ce} = \frac{\rho c_p}{\lambda} \frac{\left[e^*(T_c) - e_{ac} \right]}{R_x / f_{wet}} \qquad (4.14)$$

4.2.2　云情形设定

根据第 2 章中晴天时刻判断章节内容可以看出，地面接收到的下行太阳辐射（短波下行辐射）与天气情况密切相关（Mallick et al., 2015；Barzin et al., 2017)。因此，本研究在晴天地面接收到的短波下行太阳辐射的基础上，根据其亏损情况（出现时间、亏损多少、持续时间）来反映不同云特征（云现时间、云层厚度、持续时间）。

研究中以白天（8: 00—17: 00）时段内每小时为研究尺度，依次选取（9: 00—15: 00）每个小时作为时间尺度扩展方法应用的扩展时刻（考虑云情形设定，每天有 6 个扩展时刻）。根据不同云特征，结合时间尺度扩展方法应用的扩展时刻，主要设定短暂性云与持续性云 2 种云情形。短暂性云即为每一扩展时刻前 1 h 或后 1 h 出现云，据此又分为短暂性云出现在扩展时刻前和出现在扩展时刻后 2 种情况；持续性云则为每天从 8: 00—17: 00 除扩展时刻外其他时刻都有云存在的情形。短暂性云和持续性云的差异主要体现了云的持续时间，云现时间则通过扩展时刻的选择来体现，云覆盖厚度通过 2 种云情形下均利用短波下行辐射数据分别亏损 100 W/m^2、200 W/m^2 和 300 W/m^2 来表示。上述短暂性云和持续云情形的设定时刻见表 4.2。

表 4.2　短暂性云和持续性云情形设定

扩展时刻	云出现时段								
	8: 00—9: 00	9: 00—10: 00	10: 00—11: 00	11: 00—12: 00	12: 00—13: 00	13: 00—14: 00	14: 00—15: 00	15: 00—16: 00	16: 00—17: 00
9: 30	* #	—	※ #	#	#	#	#	#	#
10: 30	#	* #	—	※ #	#	#	#	#	#
11: 30	#	#	* #	—	※ #	#	#	#	#
12: 30	#	#	#	* #	—	※ #	#	#	#
13: 30	#	#	#	#	* #	—	※ #	#	#

续表

扩展时刻	云出现时段								
	8：00—9：00	9：00—10：00	10：00—11：00	11：00—12：00	12：00—13：00	13：00—14：00	14：00—15：00	15：00—16：00	16：00—17：00
14：30	#	#	#	#	#	* #	—	※ #	#

注：* 和 ※ 分别代表短暂性云出现在扩展时刻前 1 h 和后 1 h 时刻；# 代表持续性云出现时刻，其中空白时刻为晴空时刻，为所选择的扩展时刻。

然后分析不同云特征（云现时间、云层厚度、持续时间）条件下 3 种时间尺度扩展方法［蒸发比（EF）恒定法、参考蒸发比（EF_r）恒定法和地表接收太阳辐射比（R_g）恒定法］的表现。

蒸发比恒定法、参考蒸发比恒定法和地表接收的太阳辐射比恒定法分别通过假定与蒸散发密切相关的变量（地表可利用能量 R_n、参考蒸散发 ET_rF、地表接收的短波下行辐射 R_s）与蒸散发的比值 ｛分别记为 EF［$EF = LE_{i,d}/(R_n-G)_{i,d}$］、$EF_r$（$EF_r = LE_{i,d}/ET_{ri,d}$）和 R_g（$R_g = LE_{i,d}/R_{si,d}$）｝ 在一天中具有较好的稳定性而进行瞬时蒸散发时间尺度扩展。3 种时间尺度扩展方法在后面研究中如无特别说明则分别简称为 EF 方法、EF_r 方法和 R_g 方法。上述 3 种时间尺度扩展方法中保持稳定的比值分别作为 3 种方法各自的扩展因子。

本章通过分析不同云特征（云现时间、云层厚度、持续时间）条件下 3 种时间尺度扩展方法的扩展因子（EF、EF_r、R_g）和扩展结果相比对应晴天结果的变化情况来进行各种方法受云影响的分析。

4.2.3　研究数据

研究基于禹城（36. 829 1° N，116. 570 3° E）气象站点，所用

数据包括 2010 年 10 月末至 2011 年 10 月末该站点的气象数据、实测通量（长波、短波上行、下行辐射通量数据，潜热通量、显热通量、土壤热通量）数据以及土壤属性和植被特征数据。其中气象数据、辐射通量数据和土壤属性与植被特征数据用于作为 ALEX 模型输入数据；实测潜热通量、显热通量、土壤热通量和净辐射通量数据用于进行模型输出结果验证。

研究首先基于站点实测下行短波辐射数据选取 21 个完全晴天，晴天选取方法见第 2 章 2.2.1 节。

4.3　结果与分析

4.3.1　晴天情形分析

4.3.1.1　ALEX 模拟的晴天通量数据

以 21 个所选晴天的气象数据、辐射通量数据和土壤属性与植被特征数据等作为 ALEX 模型的输入，通过模型模拟得到 0.5 h 尺度的潜热通量（LE），显热通量（H），净辐射通量（R_n）和土壤热通量（G）数据。模型模拟结果与对应站点实测值的比较如图 4.1 所示。

由图可见，ALEX 模型模拟的潜热通量 [图 4.1（a）] 和净辐射通量 [图 4.1（c）] 与对应的实测通量值具有较好的一致性，模拟结果的偏差分别为 13.95 W/m² 和 35.9 W/m²，*RMSE* 分别为 49.01 W/m² 和 57 W/m²，R^2 分别为 0.895 和 0.978。而显热通量 [图 4.1（b）] 和土壤热通量 [图 4.1（d）] 的模拟结果与实测

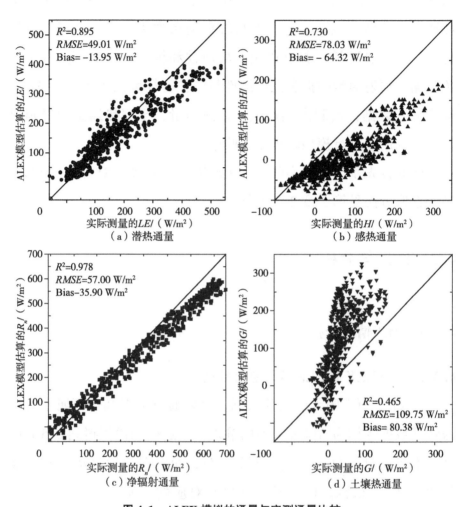

图 4.1　ALEX 模拟的通量与实测通量比较

值的偏差则较大，模拟结果偏差分别为 64.32 W/m² 和 80.38 W/m²，*RMSE*s 分别为 78.03 W/m² 和 109.75 W/m²，R^2 分别为 0.73 和 0.465。

显热通量和土壤热通量的模拟误差主要来源于模型中输入的

土壤含水量误差。由于模型需要输入 12 层土壤含水量数据，而实测值为 3 层土壤含水量，两者的差异造成较大的土壤热通量的模拟误差。另外，实测通量值由于多种原因造成的能量闭合率只为 0.57，而模拟的通量闭合率为 0.98，模拟通量未考虑这些因素也是造成模拟结果与实测值不一致的原因；由于模拟的潜热通量和净辐射通量与实测值较为接近，模拟结果和实测值的能量闭合率差异主要体现在显热通量和土壤热通量中。

在本研究中，通过分析不同云特征（云现时间、云层厚度、持续时间）条件下 3 种时间尺度扩展方法的扩展因子（EF、EF_r、R_g）和扩展结果相比对应晴天结果的变化情况来进行各种方法受云影响的分析。3 种时间尺度扩展方法中不会用到拟合较差的显热通量值，只用来进行误差分析；对于土壤热通量的误差，3 种方法中只有 EF 方法会受到影响，但是由于土壤热通量相比净辐射通量和潜热通量来说，通常值较小，因此，对本研究结果影响也较小。另外，本研究方法主要是分析有云情形下 3 种尺度扩展方法相对于晴天的相对变化情况，因此，以模拟结果作为真值来分析云对 3 种时间尺度扩展方法的影响是可行的。

4.3.1.2 晴天 3 种时间尺度扩展因子的日内变化

3 种时间尺度扩展方法的扩展因子在晴天 9：00—15：00 的变化见图 4.2，其中，EF、EF_r 和 R_g 在研究时段内变化的标准偏差分别为 0.077、0.036 和 0.009。从图中可以看出，EF 在上午时段和下午时段明显大于中午时段的值，图中表现为中午时间段曲线出现轻微凹形（Rowntree et al.，1991），其值的变化范围为 0.8～1.04。EF_r 因子在日内的变化较小，变化范围为 0.85～1；R_g 因子的变化

范围为 0.2~0.3，变化较小，在一天中接近于 1 条直线。因此，3
种时间尺度扩展方法的扩展因子在晴天条件下在日内均具有较好
的稳定性，验证了 3 种尺度扩展因子晴天条件下用于 ET 日尺度扩
展的可行性。

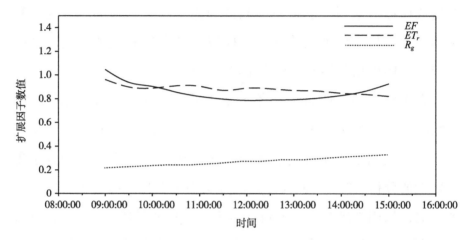

图 4.2　晴天时刻时间尺度扩展因子 EF、EF_r、R_g 的变化

　　图 4.3 为晴天 3 种时间尺度扩展方法扩展结果统计情况。具体

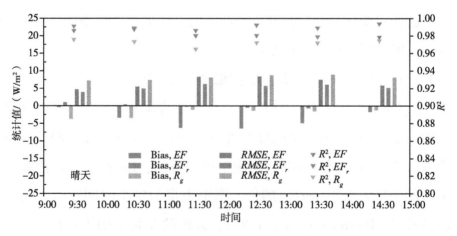

图 4.3　晴天 3 种时间尺度扩展方法的扩展结果统计情况

表现为，EF_r 方法高估了日尺度 LE，上午时段的估算偏差为 1.1 W/m²；下午时段出现低估，偏差为 1.7 W/m²；估算 $RMSE$ 小于 2 W/m²，R^2 高于 0.986。其他 2 种方法均低估日尺度 LE，EF 方法低估 0.15~6.39 W/m²，估算 $RMSE$ 为 4.7~8.43 W/m²，R^2 高于 0.979；R_g 方法的低估偏差小于 3.5 W/m²，$RMSE$ 为 7.21~8.95 W/m²，R^2 大于 0.972。

根据不同时刻来说，EF_r 方法在上午时段比中午表现更好，EF 方法在 9:00—10:00 扩展结果最好，估算 $RMSE$ 为 3.37 W/m²，R^2 为 0.986，R_g 方法在 9:00—10:00 扩展结果最好，估算 $RMSE$ 为 7.21 W/m²，R^2 为 0.976。总体来说，晴天条件下 3 种时间尺度扩展方法均能得到较高精度的日尺度 ET 值。

4.3.2 短暂性云对蒸散发时间尺度扩展的影响

根据本研究中不同云情形的设定，短暂性云持续时间为 1 h，研究中设定出现在扩展时刻前和扩展时刻后 2 种情形。当短暂性云出现在扩展时刻后时，3 种时间尺度因子相对晴天状况时无变化，出现在扩展时刻前时，3 种时间尺度扩展方法的扩展因子受到云的影响。

4.3.2.1 短暂性云对时间尺度扩展因子的影响

当短暂性云出现在扩展时刻前时，3 种时间尺度扩展方法在不同扩展时刻扩展因子相对于晴天时刻的变化见图 4.4。

图中可以看出，3 种时间尺度扩展方法的扩展因子变化各不相同，但其变化量均随着云覆盖厚度的增加而增大。当云覆盖量分别为 100 W/m²、200 W/m² 和 300 W/m² 时，EF 分别约增加 0.05、

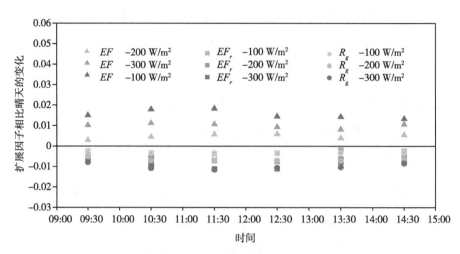

图 4.4　短暂性云出现在扩展时刻前三种扩展因子

（EF，EF_r，R_g）在不同扩展时刻的变化

0.1 和 0.15。Crago（1996）的研究表明，EF 的变化受天气、土壤湿度、地形和生物物理条件等多种因素影响，但云量和对流是影响 EF 变化量的 2 个主要因子。短暂性云出现时，EF 增加的主要原因是云的出现使得净辐射减小，从而使太阳加热地表的能量减小从而导致 EF 增加。而其他 2 个扩展因子 EF_r 和 R_g 在该情形下均减小。考虑到 EF_r 因子的表达式（$EF_{ri} = LE_i / ET_{ri}$），扩展时刻的 EF_r 由瞬时 LE 和参考蒸散发 ET_r 决定，而 ET_r 主要受气象因素控制，其在出现短暂性云时不变，因此，EF_r 因子变小主要是由于瞬时 LE 减少导致。类似的，扩展因子 R_g 减小的是由于扩展时刻瞬时 LE 的减少而地表接收的短波辐射基本不变引起的。

　　对不同扩展时刻来说，3 种扩展因子在正午附近其变化稍大于其他时刻。研究中设定的短暂性云均出现在不同扩展时刻前 1 h，对不同扩展时刻的扩展因子影响相近，因此，云量影响着扩展因子的变化。

4.3.2.2　短暂性云对时间尺度扩展结果的影响

采用 3 种时间尺度扩展方法对短暂性云情形下的瞬时 LE 进行时间尺度扩展，短暂性云出现在扩展时刻前和扩展时刻后的扩展结果与 ALEX 模型模拟的日尺度 LE 进行对比，比较结果分别见图4.5（a）（b）（c）和图4.6（a）（b）（c）；图4.5（d）和图4.6（d）为选取不同扩展时刻不同云覆盖厚度和完全晴空情形下模拟日尺度 LE 值的变化情况。

图中明显看出，短暂性云出现在扩展时刻后时 3 种扩展方法的扩展结果与 ALEX 模拟结果更为接近，出现在扩展时刻前对 3 种扩展方法的结果影响更加明显。出现短暂性云时，3 种方法扩展得到的日尺度 LE 与 ALEX 模型模拟的日尺度 LE 仍然接近。与模拟结果相比较，可以看出 EF 方法和 R_g 方法的扩展结果存在低估，EF_r 方法的扩展结果存在高估。图4.5（d）和图4.6（d）为可以看出短暂性云出现时，模型模拟的日尺度 LE 减小，并且随云覆盖量增加其减小越明显。

进一步分析 3 种时间尺度扩展方法在 2 种短暂性云情形下扩展结果的统计偏差，相对均方根误差 $RMSE$ 和相关系数 R^2。图4.7和图4.8分别对应短暂性云出现在扩展时刻前和出现在扩展时刻后。

可以看出，当短暂性云出现在扩展时刻前时，EF_r 方法高估日尺度 LE，估算偏差小于 5 W/m²；而 EF 和 R_g 2 种方法得到的日尺度 LE 均低估，估算偏差为 5~10 W/m²；3 种方法高估和低估日尺度 LE 的偏差均随云量增加而增大。对 EF 方法来说，出现短暂性云时，日尺度 R_n 减小，尽管 EF 因子增大，日尺度 LE 仍存在低

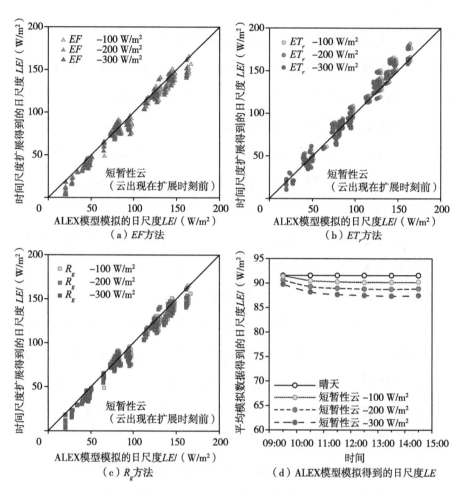

图 4.5　短暂性云出现在扩展时刻前三种扩展方法得到的

日尺度 *LE* 与 ALEX 模型模拟得到的日尺度 *LE* 的比较

估；*EF*, 方法出现轻微高估是由日尺度参考蒸散发 *ET*, 的少量增加和扩展因子 *EF*, 的轻微减小共同作用的结果。而 *R*_g 方法的低估是由日尺度地表太阳辐射和 *R*_g 因子共同减小引起的。*EF*,、*EF* 和 *R*_g 方法估算日尺度 *LE* 的 *RMSE* 分别为 6~9 W/m²、6~10 W/m² 和 6~11 W/m²，对应的 *R*² 分别为 0.97 ~ 0.98、0.97 ~ 0.98 和 0.96 ~

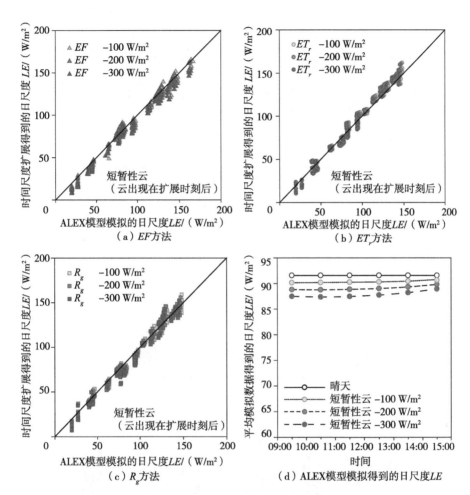

图 4.6 短暂性云出现在扩展时刻后三种扩展方法得到的

日尺度 *LE* 与 ALEX 模型模拟结果比较

0.98。可以看出，*EF*, 方法扩展结果最好，精度最高，*R*$_g$ 和 *EF* 方法结果类似。

对不同扩展时刻来说，在正午时刻，3 种时间尺度扩展方法扩展结果的统计偏差和 *RMSE* 最大，*R*^{2} 最小，表明扩展时刻在正午附近，出现短暂性云时对 3 种方法的影响最大。

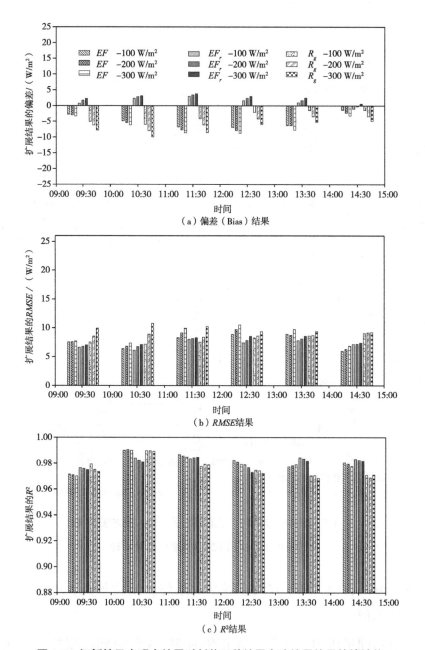

图 4.7　短暂性云出现在扩展时刻前三种扩展方法扩展结果的统计值

当短暂性云出现在扩展时刻后（图 4.8）时，3 种时间尺度扩

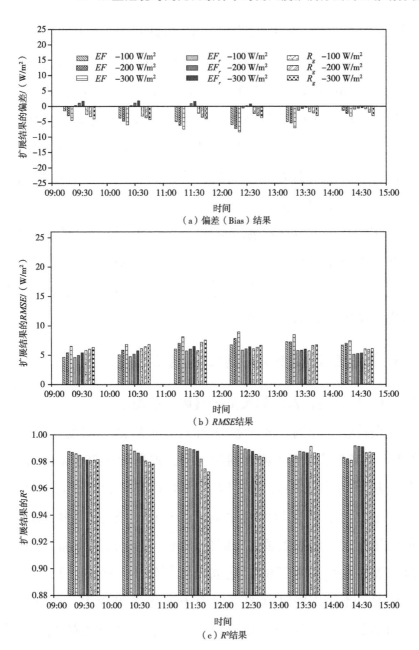

图 4.8 短暂性云出现在扩展时刻后三种扩展方法扩展结果的统计值

展方法受云的影响相对短暂性云出现在扩展时刻前时减小。具体来说，EF_r 方法高估日尺度 LE，估算日尺度 LE 的偏差范围为 0.1~1.7 W/m^2；EF 和 R_g 方法估算日尺度 LE 的偏差范围分别为 1.3~8.1 W/m^2 和 0.8~4.5 W/m^2。EF_r 方法、EF 方法和 R_g 方法估算日尺度 LE 的 $RMSE$ 分别为 6.1~8.5 W/m^2、6~10.5 W/m^2 和 7.1~10.7 W/m^2，R^2 也相比短暂性云出现在扩展时刻前时有所提高。同样，扩展时刻在正午附近，当短暂性云出现在扩展时刻后对 3 种方法的影响最大。

当短暂性云出现在扩展时刻后时 3 种时间尺度扩展方法的扩展因子并没有发生变化，受云的影响来源于云对瞬时 LE 的影响。因此，这种情形下，3 种时间尺度扩展方法受云影响明显小于短暂性云出现在扩展时刻前的情形。

4.3.3　持续性云对蒸散发时间尺度扩展的影响

4.3.3.1　持续性云对时间尺度扩展因子的影响

出现持续性云时，各个扩展时刻的扩展因子均发生较大变化（图 4.9）。EF 扩展因子剧烈增加，当云覆盖量为 300 W/m^2 时，其变化量甚至达到 0.035；EF_r 因子减小且其变化量仍小于 0.025；R_g 因子也减小，但其最大变化量超过 0.03。各个扩展时刻扩展因子的变化均大于出现短暂性云时的变化。随着云量增加，3 种时间尺度扩展方法扩展因子的变化也成比例增加。不同于出现短暂性云的情况，不同扩展时刻的扩展因子变化差异较大，并且随时间推迟而增加。主要原因是在持续性云天，扩展时刻越晚，之前出现的云覆盖总量就越高，所以对扩展因子的影响越大，表明云量与扩展因子的变化量直接相关。

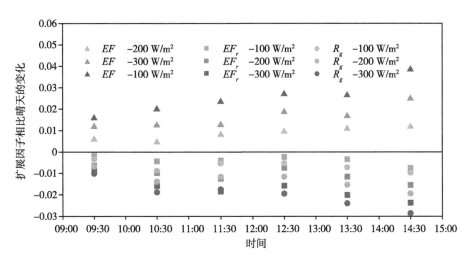

图 4.9 持续性云天 3 种扩展因子（*EF*、*EF_r* 和 *R_g*）在不同扩展时刻的变化

4.3.3.2 持续性云天对时间尺度扩展结果的影响

持续性云天，3 种时间尺度扩展方法的日尺度 *LE* 扩展结果与 ALEX 模型模拟的日尺度 *LE* 的对比结果见图 4.10，图 4.10（d）是不同扩展时刻不同云覆盖量情形下和完全晴空状况下的模拟日尺度 *LE*。日尺度 *ET* 扩展结果的统计情况见图 4.11。

可以看出，出现持续性云时，*EF* 和 *R_g* 方法仍然低估日尺度 *LE*，而且低估更加明显，而 *EF_r* 的高估相对于短暂性云情形时变化不明显。当云覆盖量分别为 100 W/m²、200 W/m² 和 300 W/m² 时，ALEX 模拟的日尺度 *LE* 相对于完全晴天状况下模拟的日尺度 *LE* 分别减小 6W/m²、12W/m² 和 18W/m²，明显大于出现短暂性云时 ALEX 模型模拟的日尺度 *LE* 的减小量。

统计结果显示，*EF_r* 方法高估日尺度 *LE* 的偏差小于 5 W/m²，表明其在持续性云天进行时间尺度扩展依然具有较高精度，并且明显高于其他 2 种方法。当云覆盖量变化时，*R_g* 方法也低估日尺

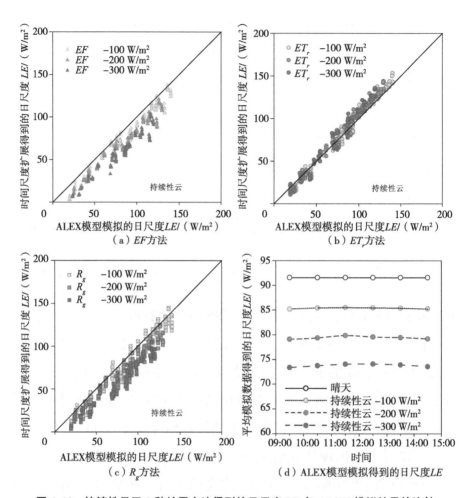

图 4.10   持续性云天 3 种扩展方法得到的日尺度 LE 与 ALEX 模拟结果的比较

度 LE（Salgueiro et al.，2014）；EF_r 方法、R_g 方法和 EF 方法的估算偏差分别为 10 W/m²、16 W/m² 和 20 W/m²，表明云覆盖厚度较大时，对 EF 方法的影响大于 R_g 方法。3 种时间尺度扩展方法扩展结果的统计 RMSE 也明显大于出现短暂性云时的 RMSE。EF 方法的 RMSE 甚至达到 25 W/m²；R_g 方法的 RMSE 小于 EF 方法，最高为 21 W/m²；EF_r 方法的 RMSE 变化范围为 5~9 W/m²，与出现短

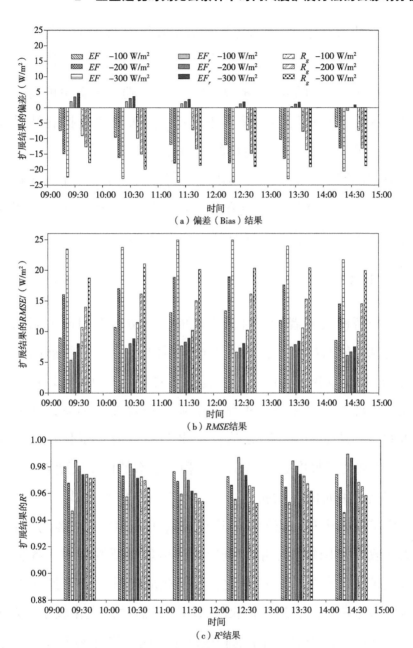

图 4.11　持续性云天 3 种扩展方法扩展结果的统计值

暂性云的情形相比变化不大，进一步显示出该方法的稳定性。与出现短暂性云时相同，3种方法的 $RMSE$ 随云量增加而增大，但增量远大于出现短暂性云的情况。EF_r 方法的 R^2 在持续性云天仍大于 0.97，EF 方法的 R^2 与 R_g 方法相似，但随云覆盖量的变化更加剧烈。因此，在持续性云情形下，EF_r 方法依然是扩展结果最稳定，精度最高，受云影响最小的时间尺度扩展方法。

对于不同的扩展时刻，与出现短暂性云的情况类似，3种方法在正午附近扩展结果的偏差和 $RMSE$ 均较大，R^2 较小，表明在持续性云天正午时刻作为扩展时刻，受云影响也最为严重。

4.3.4　讨论

当短暂性云或者持续性云出现时，云覆盖会引起太阳辐射和地表可利用能量的减小，进而影响到瞬时 LE、尺度扩展因子（由瞬时 LE 和其他变量决定）和扩展结果的变化。研究时段内3种时间尺度扩展方法受云影响的结果表明，短暂性云和持续性云都会加重原来方法对日尺度 LE 估算结果的高估或者低估现象，其中 EF_r 方法高估日尺度 LE，而其他2种方法都低估日尺度 LE。

根据3种时间尺度扩展方法日尺度 LE 估算公式，日尺度 LE 由尺度扩展因子和相应的日尺度变量（可利用能量、参考蒸散发、地表接收的太阳短波辐射）确定。当出现短暂性云时，各种方法的尺度扩展因子发生轻微变化，其他相应的日尺度变量（可利用能量、参考蒸散发、地表接收的太阳短波辐射）变化较小。在 EF_r 恒定方法中，由于 EF_r 因子的轻微减小，而日尺度参考蒸散发相对保持不变，但是有云条件下日尺度 ET 真值减小，使得扩展结果相比真值稍微增大；在 EF 恒定方法中，由于瞬时 EF 本身通常低于日平均值（Lhomme and Elguero，1999；Hoedjes et al.，2008），云出现时，*EF* 因子减小，地表净辐射也轻微减小，使得该方法扩展得到的日尺度 *LE* 低估现象更加明显，Tang 和 Li（2017b）全面讨论了 *EF* 方法产生低估的机理，即过于简化处理了一些变量的关系。R_g 方法的低估部分源于 R_g 因子的低估，其他研究也发现了这一点（Bisht et al.，2005；Brutsaert and Sugita，1992）。当出现持续性云时，除了扩展因子的变化，相应的日尺度变量（可利用能量、参考蒸散发、地表接收的太阳短波辐射）也发生较大变化，使得扩展结果误差明显大于短暂性云出现时的结果，但在 EF_r 恒定方法中，日尺度参考蒸散发的变化程度较小，因为其计算过程中所需大量的气象参数考虑了当时的大气条件。

本研究中，由于 ALEX 模型输入数据的误差和模型本身的误差，使得模型模拟的通量存在一定误差，对 3 种时间尺度扩展方法受云影响的评估会产生一定影响。另外，虽然云情形的设定并不影响在以后的研究中需要进一步探索云情形设定，尤其是持续性云的设定，需要进一步探索其设定，使其更加符合实际情况，可尝试结合辐射传输方程探索机理来模拟不同云情形（Mayer and Kylling，2005；Berg et al.，2011）。对于云情形下日尺度 *LE* 的模拟结果，后期研究中需积累更长时间研究数据对其进行验证。

4.4　本章小结

研究通过对不同扩展时刻、不同云覆盖厚度和不同持续时间的云覆盖对 3 种扩展方法的影响分析，发现云的出现会使得原来方

法对日尺度 *LE* 的低估或者高估现象更加明显。持续性云的出现对 3 种方法的影响比短暂性云的影响更加明显，尤其对 *EF* 方法和 R_g 方法，出现短暂性云时 3 种方法扩展结果的统计偏差均小于 10 W/m²，*RMSE* 均小于 11 W/m²，而持续有云时 2 种方法估算日尺度 LE 的偏差和 *RMSE* 分别高达 24 W/m² 和 25 W/m²。对短暂性云来说，当云出现在扩展时刻前时，云对扩展方法的影响明显高于出现在扩展时刻后的情形。而且云对 3 种方法的影响随着云覆盖厚度的增加而成比例增大。就 3 种方法而言，EF_r 方法在 2 种云情形下偏差均小于 5 W/m²，*RMSE* 小于 10 W/m²，受云影响均最小，精度最高，扩展结果最好。对不同的扩展时刻来说，2 种云情形下，3 种时间尺度扩展方法均在正午时刻受云影响最为严重。

5 卫星过境时刻有云条件下日尺度蒸散发估算

5.1 引言

卫星过境时刻有云时，蒸散发估算所需的卫星数据无法获取。此条件下，第3章提出的适用于完全晴天的日尺度蒸散发直接估算方法（需要卫星过境时刻的遥感数据计算瞬时解耦因子），第4章探寻的卫星过境时刻无云其他时刻部分有云条件下受云影响最小、精度最高的参考蒸发比方法（需要卫星过境时刻的遥感数据估算瞬时蒸散发），均无法应用。

本章通过探索土壤可利用水比率与潜在蒸散发的关系，进而将蒸散发与土壤含水量关联，并利用土壤含水量在一天中的变化受云影响较小的特征，进行卫星过境时刻有云条件下（以下简称为"有云条件"）日尺度蒸散发估算方法探索，然后利用美洲通量站点数据和禹城站点数据与 MODIS 数据对所提出的方法进行验证。

5.2　研究方法

5.2.1　有云条件下日尺度蒸散发估算方法原理

在晴天无灌溉条件下，土壤蓄水量的变化可被认为主要由蒸散发引起（Campbell and Norman，1998；Anderson et al.，2007），因此，晴天条件下，土壤含水量减去当天蒸散发量可作为下一天的土壤蓄水量。当卫星过境时刻有云卫星数据缺失时，日尺度的土壤蓄水量可从上一个晴天的土壤含水量减去蒸散发的差值得到。如果晴天与有云条件不相邻，可通过该方法得到与晴天邻近的有云天的土壤蓄水量，基于土壤含水量受云影响较小的特征，以该有云天的土壤蓄水量与蒸散发的差值作为下一个有云天的土壤蓄水量，以此类推。

为了模拟土壤水分消耗对蒸散发的影响，很多已有研究通过将土壤可利用水比率与潜在蒸散发比进行关联（Stewart and Verma，1992；Anderson et al.，2007）建立模型而进行研究。为了建立蒸散发与土壤含水量之间的关系，研究首先探寻晴天条件下潜在蒸发比与土壤可利用水比率之间的关系。由于土壤含水量的变化受云影响较小，并且已有研究表明，相比其他与蒸散发相关的通量的比例关系（蒸发比、净辐射与蒸散之比等），潜在蒸发比在日内能保持更好的稳定性（Brutsaert and Sugita，1992）。因此，卫星过境时刻瞬时潜在蒸发比可代替日尺度潜在蒸发比；另外，假定晴天条件下潜在蒸发比与土壤可利用水比率之间的关系在有云天仍然适用。

因此，以晴天的土壤含水量减去蒸散发的差值作为相邻有云天（卫星过境时刻有云）的土壤蓄水量，并利晴天条件下探索得到的潜在蒸发比与土壤可利用水比率之间的关系，可计算得到有云条件下的潜在蒸散发值，进而可得到有云条件下的蒸散发值。

综上所述，有云条件下日尺度蒸散发估算方法原理主要基于以下条件和假设：其一，晴天无灌溉条件下土壤蓄水量的变化可被认为主要由蒸散发引起；其二，土壤含水量受云影响较小，即在一天中变化较小；其三，潜在蒸发比在日内能保持更好的稳定性，即晴天卫星过境时刻瞬时潜在蒸发比可代替日尺度潜在蒸发比；其四，潜在蒸发比与土壤可利用水比率之间的关系具有较好的稳定性，即晴天条件下的两者之间的关系仍然适用于有云条件。

5.2.2 有云条件下日尺度蒸散发估算过程

潜在蒸发比（R_{PET}）表示为蒸散发（ET）与潜在蒸散发（PET）之间的比值，即为：

$$R_{PET} = \frac{ET}{PET} \tag{5.1}$$

潜在蒸散发 PET 由可利用能量（$R_n - G$）决定，日尺度可利用能量通常假定为 0，因此，日尺度 PET 的计算公式可表示为：

$$PET = \alpha \frac{\Delta}{\Delta + \gamma} R_n \tag{5.2}$$

式中，α 为 PT 公式［见式（1.6）］的系数，Brutsaert（1982）指出在无平流状况下的水面或者湿润低矮的植被区域该系数取值为 1.2~1.3，本研究中采用常用的固定系数 1.26。

土壤可利用水比率（f_{AW}）为土壤实际含水量（Actual plant-Available Water，AW）与土壤水容量（Available Water Capacity，AWC）的比值，其计算公式为：

$$f_{AW} = \frac{AW}{AWC} = \frac{\theta - \theta_{wp}}{\theta_{fc} - \theta_{wp}} \qquad (5.3)$$

式中，AW（cm^3/cm^3）为土壤实际含水量；AWC（cm^3/cm^3）为土壤水容量；θ（cm^3/cm^3）为土壤体积含水量；θ_{wp}（cm^3/cm^3）为萎蔫点含水量；θ_{fc}（cm^3/cm^3）为田间持水量。

土壤可利用水比率（f_{AW}）与潜在蒸散发比率（R_{PET}）之间关系可记为：

$$f_{AW} = f(R_{PET}) \qquad (5.4)$$

在探索得到 f_{AW} 与 R_{PET} 之间关系的基础上，分别以晴天条件下和有云天条件下的过程具体介绍该方法：

在晴天条件下，根据式（5.3），土壤实际含水量（AW_{clear}）可以通过 f_{AW} 与 R_{PET} 之间的关系［式（5.4）］结合土壤水力学参数得到。即在晴天条件下，AW_{clear} 通过以下关系计算：

$$AW_{clear} = f_{AW} \times AWC \qquad (5.5)$$

AW_{clear} 与蒸散发（ET）的差值作为下一天的土壤蓄水量。如果下一天为有云天，则有该条件下的土壤实际含水量（AW_{cloud}）为：

$$AW_{cloud} = AW_{clear} - ET \qquad (5.6)$$

在有云条件下，根据得到的土壤实际含水量（AW_{cloud}），结合萎蔫点含水量 θ_{wp} 和田间持水量 θ_{fc}，可以得到有云天的土壤可利用水比率（$f_{AW,cloud}$）：

$$f_{AW,\,cloud} = \frac{AW_{cloud}}{AWC} = \frac{\theta - \theta_{wp}}{\theta_{fc} - \theta_{wp}} \qquad (5.7)$$

然后根据探索得到的土壤可利用水比率与潜在蒸散发比之间的关系 [式（5.4）]，即可得到有云天条件下的潜在蒸发比（$R_{PET,cloud}$），即：

$$R_{PET,\ cloud} = \text{f}^{-1}(f_{AW,\ cloud}) \tag{5.8}$$

最后在利用式（5.2）计算得到有云天潜在蒸散发（PET_{cloud}）的基础上，则可以利用式（5.3）计算得到有云天的蒸散发（ET_{cloud}），即：

$$ET_{cloud} = PET_{cloud} \times R_{PET,\ cloud} \tag{5.9}$$

通过上述有云条件下日尺度蒸散发估算方法原理与过程的介绍中可以看出，晴天条件下日尺度蒸散发的准确估算以及潜在蒸发比与土壤可利用水比率之间关系的准确确定，是保证卫星过境时刻有云条件下日尺度蒸散发准确估算的前提。土壤可利用水比率与潜在蒸发比之间关系的探索分别基于通过模型模拟数据和站点实测数据进行回归分析进行，模型采用描述陆地表面与大气之间水分、热量以及碳交换的二源（土壤和植被）模型 ALEX，模型的具体介绍详见第 4 章 4.2.1 节。

有云条件下日尺度蒸散发估算过程详见图 5.1。

5.3　研究区域与数据

5.3.1　美洲通量站点数据

选用美洲通量网站（http：//ameriflux.lbl.gov/）美国境内 10 个通量站点作为研究站点探索晴天条件下潜在蒸发比与土壤可利

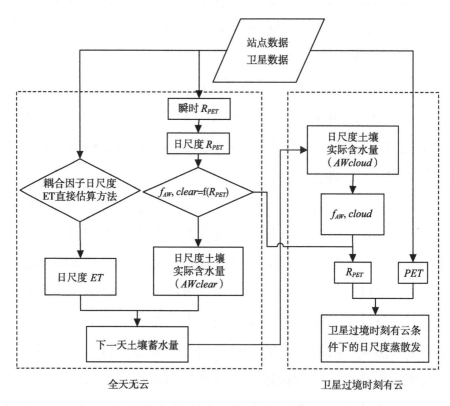

图 5.1　卫星过境时刻有云条件下日尺度蒸散发估算流程图

用水比率之间的关系。10 个研究站点的分布如图 5.2 所示，站点的经纬度信息与对应的研究时段信息等见表 5.1。

其中计算潜在蒸散发所用的气象数据包括风速、相对湿度、气温和大气压强等，数据经过了标准化和质量控制（QA/QC）检查（Di et al.，2015）；计算净辐射通量所用数据包括上行长波、下行长波、短波通量数据；土壤可利用水比率的计算所需土壤湿度数据包括两层土壤相对含水量数据，另外需要对应站点处土壤的水力学参数，其土壤相对含水量的测量深度与土壤水力学参数见

表 5.1。所选 10 个站点实测的潜热通量（*LE*）数据进行有云条件下蒸散发估算结果的验证。

美洲通量站点数据集的时间尺度均为 30 min。

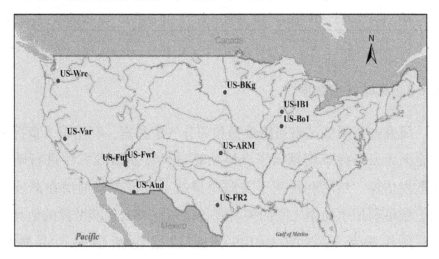

图 5.2　研究所用美洲通量站点分布示意图

表 5.1　研究站点具体信息

站点名称	N/°	W/°	水力学参数		土壤湿度测量深度/cm		研究时段
			Fc	wp	第 1 层	第 2 层	
US-ARM	36.605 8	97.488 4	0.43	0.26	10	20	2002.12—2012.06
US-Aud	31.590 7	110.509 2	0.24	0.11	10	20	2002.07—2008.07
US-BKg	44.345 3	96.836 2	0.33	0.19	10	20	2004.04—2009.12
US-Bo1	40.006 2	88.290 4	0.31	0.12	5	10	2001.07—2008.04
US-FR2	29.949 5	97.996 2	0.21	0.10	10	30	2005.01—2007.07
US-Fuf	35.089 0	111.762 0	0.33	0.19	5	15	2005.09—2010.12
US-Fwf	35.445 4	111.771 8	0.28	0.10	5	15	2005.08—2010.12
US-IB1	41.859 3	88.222 7	0.35	0.17	5	15	2005.07—2010.12
US-Var	38.413 3	120.950 7	0.28	0.10	5	20	2003.02—2015.12

续表

站点名称	N/°	W/°	水力学参数		土壤湿度测量深度/cm		研究时段
			Fc	wp	第1层	第2层	
US-Wrc	45.820 5	121.951 9	0.24	0.11	10	20	2003.12—2015.12

5.3.2　禹城站点数据

研究选用禹城站点遥感数据和部分气象数据，利用第3章提出的全天无云条件下解耦因子直接估算日尺度蒸散发方法进行晴天蒸散发估算，然后利用基于美洲通量站点数据探索的潜在蒸发比和土壤可利用水比率之间的关系进行该站点有云天蒸散发的估算。

所用禹城站点的 MODIS 产品数据包括辐射产品数据（MOD021KM）、地表温度产品（MOD11_L2）、地表反射率产品（MOD09GA）、几何校正信息产品（MOD03）、叶面积指数产品（MOD15A2）和云掩膜产品（MOD35），数据从 LAADS 网站下载得到。MODIS 数据具体介绍见第3章3.3.3节，所需部分气象数据介绍见第3章3.3.2节。数据时间段为2009年4月末至2010年10月底。

另外，基于第4章研究内容 ALEX 模型的模拟数据，本章选择禹城站点2009年2天数据（DOY：2009-187 和 2009-289）作为 ALEX 模型输入数据的结果，利用模型模拟数据初步探索潜在蒸散发比与土壤可利用水比率之间的关系。

5.3.3　数据具体应用

本研究基于 ALEX 模型模拟数据和 10 个美洲通量站点的站点

数据，包括利用部分气象数据和地表净辐射数据进行潜在蒸散发计算，土壤含水量数据和热力学参数进行土壤可利用水比率计算，探索土壤潜在蒸散发比与可利用水比率之间的关系。

然后利用美洲通量站点实测数据对所提出的卫星过境时刻有云条件下日尺度蒸散发估算方法进行验证。由于 10 个通量站点研究时段较长，站点数据较多，因此，基于 10 个通量站点的研究全部为站点的实测数据。基于探索到的土壤可利用水比率和潜在蒸散发比之间的关系，以及土壤含水量数据与蒸散发差值作为下一天的土壤蓄水量，利用提出的方法进行 10 个美洲通量站点有云条件下蒸散发的估算，估算结果通过站点实测的潜热通量数据进行验证。

为了验证 10 个通量站点处探索的潜在蒸发比与土壤可利用水比率之间关系的普适性和所提出有云条件下日尺度蒸散发估算方法基于遥感数据的可行性，研究选用禹城站点遥感数据和部分气象数据用于进行晴天蒸散发估算，利用提出的方法进行该站点有云条件下日尺度蒸散发估算，作为提出方法的进一步验证。禹城站点晴天日尺度蒸散发的估算利用第 3 章提出的全天无云条件下利用解耦因子方法直接估算日尺度蒸散发的方法进行，方法具体介绍详见第 3 章 3.2.1 节。

研究所用站点数据及各类数据的具体应用以及有云条件下日尺度蒸散发的估算与验证流程见图 5.3。

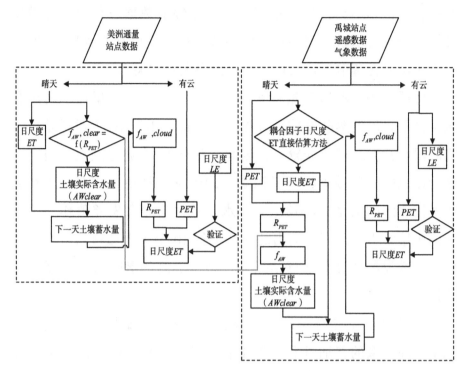

图 5.3　研究所用数据以及日尺度 *ET* 估算与验证流程图

5.4　结果与分析

5.4.1　潜在蒸散发比与土壤可利用水比率的关系探索

本研究分别基于 ALEX 模型模拟数据和 10 个美洲通量站点的实测数据进行了潜在蒸散发比与土壤可利用水比率之间关系的探索。

5.4.1.1　基于模型模拟数据

以禹城站点 2009 年任意 2 天数据（DOY：2009-187 和 2009-

289）作为输入数据，通过 ALEX 模型进行模拟。利用模型得到的净辐射数据和对应气象数据计算得到潜在蒸散发，进而结合模型模拟的潜热通量计算得到潜在蒸发比；然后基于模型模拟得到的土壤含水量数据结合土壤热力学参数得到土壤可利用水比率。图 5.4 为基于模型模拟数据，所选 2 天中植被覆盖度（*FVC*）从 0~1 变化时，潜在蒸散发比与土壤可利用水比率之间的散点图。

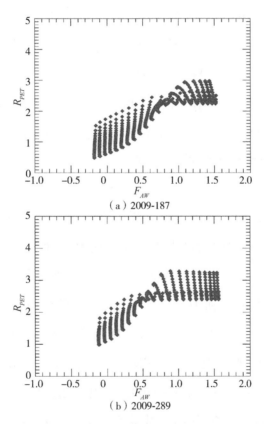

（a）2009-187

（b）2009-289

图 5.4　基于模型模拟数据的潜在蒸发比（R_{PET}）

与土壤可利用水比率（f_{AW}）的关系

图中可以看出，任意所选 2 天中，潜在蒸发比（R_{PET}）与土壤可利用水比率（f_{AW}）之间具有基本相似的关系。具体来说，当f_{AW}小于一定值（DOY 为 2009-187 时为 0.7 左右；DOY 为 2009-289 时为 0.5 左右）时，R_{PET}随着f_{AW}的增加呈现指数形式增长；当f_{AW}大于该值时，R_{PET}基本保持稳定，不再增长。

图 5.3（a）和图 5.3（b）中均可以看出，植被覆盖度（FVC）从 0~1 变化时，当f_{AW}小于一定值（DOY 为 2009-187 时为 0.7；DOY 为 2009-289 时为 0.5）时，对应于同一f_{AW}，FVC值越大，R_{PET}值越大；当f_{AW}大于该值时，这一关系只适用于FVC大于一定范围的时候，当FVC较小时，具有相反的关系，即对应于同一f_{AW}，FVC值越大，R_{PET}值反而越小。因此，虽然R_{PET}随着f_{AW}增加与保持稳定的总体关系保持不变，但受到FVC的影响。

5.4.1.2　基于美洲通量站点数据

基于 10 个美洲通量站点的站点实测数据计算得到的潜在蒸散发比与土壤可利用水比率之间的散点图如图 5.4 所示。图中可以看出，所选 10 个美洲通量站点中，土壤可利用水比率（f_{AW}）大部分小于 0.6。根据上一节基于 ALEX 模型模拟数据所显示的潜在蒸发比（R_{PET}）与土壤可利用水比率（f_{AW}）之间的关系，当f_{AW}小于一定值（DOY 为 2009-187 时为 0.7；DOY 为 2009-289 时为 0.5）时，R_{PET}随着f_{AW}的增加呈现指数形式增长。由于所选 10 个美洲通量站点中f_{AW}均小于 0.6，并且图中可以看出，R_{PET}与f_{AW}散点图接近于指数形式，因此，研究利用指数关系［$R_{PET} = a \times \exp(b \times f_{AW})$］对基于 10 个美洲通量站点实测数据计算得到的$R_{PET}$与$f_{AW}$之间的关系散点图进行拟合（图 5.5），具体拟合关系式见表 5.2；各个站点系数 a 和系数 b 的分布见图 5.6。

表 5.2 基于美洲通量站点数据的潜在蒸发比（R_{PET}）
与土壤可利用水比率（f_{AW}）散点图拟合关系

站点名称	拟合关系
US-ARM	$R_{PET} = 0.14 \times \exp(4.00 \times f_{AW})$
US-Aud	$R_{PET} = 0.06 \times \exp(6.14 \times f_{AW})$
US-BKg	$R_{PET} = 0.22 \times \exp(3.14 \times f_{AW})$
US-Bo1	$R_{PET} = 0.18 \times \exp(3.27 \times f_{AW})$
US-FR2	$R_{PET} = 0.19 \times \exp(3.31 \times f_{AW})$
US-Fuf	$R_{PET} = 0.12 \times \exp(4.36 \times f_{AW})$
US-Fwf	$R_{PET} = 0.13 \times \exp(4.48 \times f_{AW})$
US-IB1	$R_{PET} = 0.12 \times \exp(4.32 \times f_{AW})$
US-Var	$R_{PET} = 0.10 \times \exp(4.52 \times f_{AW})$
US-Wrc	$R_{PET} = 0.11 \times \exp(5.35 \times f_{AW})$

表 5.2 可以看出，基于 10 个美洲通量站点实测数据计算得到的潜在蒸发比（R_{PET}）与土壤可利用水比率（f_{AW}）散点图拟合的指数关系 $R_{PET} = a \times \exp(b \times f_{AW})$ 中，不同站点之间系数 a 和系数 b 存在一定的差异，但基本接近。具体来说，10 个美洲通量站点中，系数 a 变化范围为 0.06~0.22，均值为 0.137；系数 b 变化范围为 3.31~6.14，均值为 4.289。值得注意的是，从图 5.6 可以看出，在 US-AUD 站点处，R_{PET} 与 f_{AW} 关系拟合结果与其他站点处差异较大；如果去掉该站点处的系数 a 和系数 b，取其他站点处各自的系数 a 和系数 b，计算其均值可得到系数 a 均值为 0.13；系数 b 的均值为 4.08。

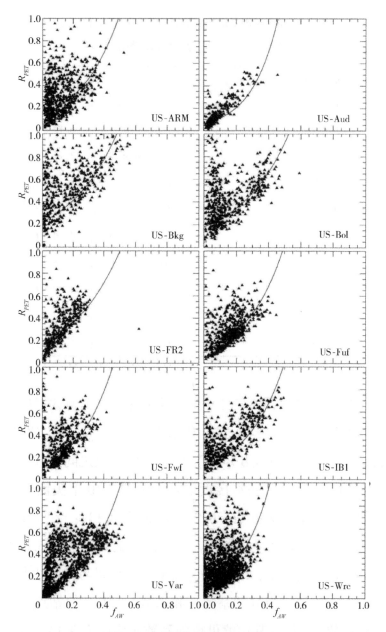

图 5.5 基于美洲通量站点数据的潜在蒸发比（R_{PET}）

与土壤可利用水比率（f_{AW}）的散点图

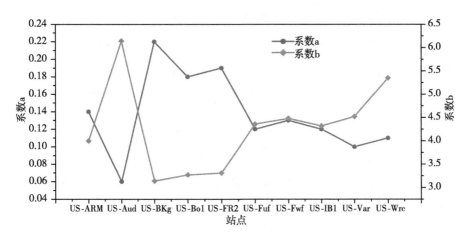

图 5.6 10 个美洲通量站点 R_{PET} 和 f_{AW} 拟合指数关系的系数分布

5.4.2 卫星过境时刻有云条件下日尺度蒸散发估算

在得到潜在蒸发比（R_{PET}）与土壤可利用水比率（f_{AW}）的指数关系后，研究分别通过 10 个美洲通量站点数据，以及选用禹城站点遥感数据和部分气象数据用于进行晴天蒸散发估算，利用提出的方法进行该站点有云条件下日尺度蒸散发的估算，对提出的卫星过境时刻有云条件下日尺度蒸散发估算方法进行验证。

5.4.2.1 基于美洲通量站点数据

基于探索得到的潜在蒸发比（R_{PET}）和土壤可利用水比率（f_{AW}）的指数关系，利用 10 个美洲通量站点的实测站点数据，以土壤含水量数据与蒸散发差值作为下一天的土壤蓄水量，利用提出的方法进行 10 个美洲通量站点有云条件下日尺度蒸散发的估算，估算结果通过站点实测的潜热通量（LE）数据进行验证。

为了保证参与研究的天数，研究中首先并未进行晴天天气情况的判断，而是选择所需数据完整的日期为研究目标，以该天的土壤含水量减去蒸散发值作为第 2 天的土壤蓄水量数据，各个站点基于相同的指数公式（其中系数 a 和系数 b 采用除去 US-AUD 站点的系数的均值，即系数 a 取 0.13，系数 b 取 4.08 来表示潜在蒸发比（R_{PET}）与土壤可利用水比率（f_{AW}）之间的关系，利用提出的方法计算得到第 2 天的蒸散发值。计算所得的蒸散发与实测的潜热通量值的比较见图 5.7，比较结果的统计偏差、$RMSE$ 与所选择的数据完整参与验证的天数见表 5.3，对应图 5.8。

表 5.3　日尺度 ET 估算结果与测量值比较的统计偏差、

$RMSE$ 和所选择的数据完整的天数

站点名称	偏差/（W/m²）	$RMSE$/（W/m²）	选择天数（N）
US-ARM	−0.59	20.36	1 120
US-Aud	7.41	12.72	649
US-BKg	−13.32	29.50	765
US-Bo1	−5.37	19.93	840
US-FR2	−15.08	39.09	519
US-Fuf	0.72	19.25	874
US-Fwf	−3.52	14.98	763
US-IB1	−4.41	22.01	859
US-Var	12.42	23.58	2 448
US-Wrc	0.72	16.16	2 290

通过图 5.7 的散点图可以看出，基于该方法得到的蒸散发值基本接近实测值，估算方法精度较高。结合表 5.3 与图 5.8 可以看出，10 个美洲通量站点处，利用该方法估算的日尺度蒸散发估算偏差在−15.08 ~ 12.42 W/m²，大部分站点处低估；日尺度蒸散发

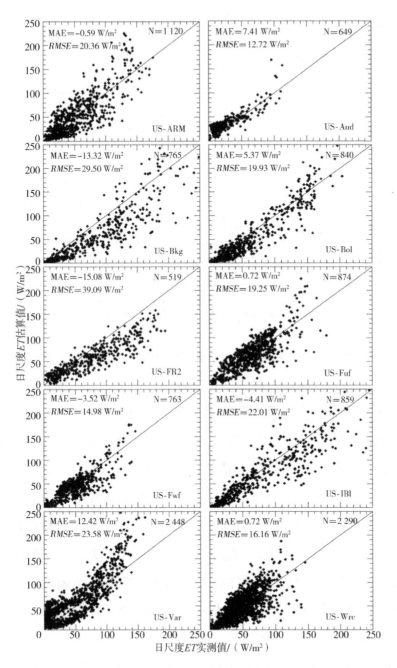

图 5.7 未进行天气情况判断利用提出方法估算的 *ET* 与实测 *ET* 的对比

估算的 *RMSE* 为 12.72~39.09 W/m²。大部分站点（8 个站点）处，利用该方法估算得到的 *RMSE* 为 20 W/m² 左右。

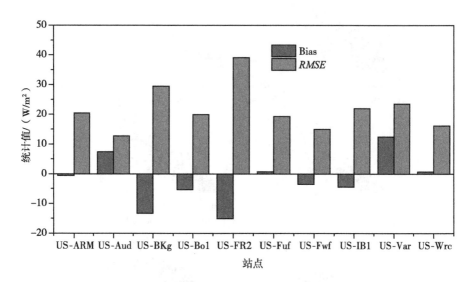

图 5.8　日尺度 *ET* 估算值与测量值比较结果的统计偏差和 *RMSE*

　　利用美洲通量站点实测短波下行辐射数据进行晴天判断，判断方法具体见第 2 章 2.2.1 晴天时刻判断部分。然后用所选择的晴天的土壤含水量减去蒸散发值作为第 2 天（均认为为有云天，可能含有少部分与晴天相邻的晴天条件）的土壤蓄水量数据，基于潜在蒸发比（R_{PET}）与土壤可利用水比率（f_{AW}）之间的指数关系 $[R_{PET}=1.31 \times \exp (4.08 \times f_{AW})]$，利用提出的方法计算得到的有云天的蒸散发值。计算所得的蒸散发值与实测的潜热通量值的比较见图 5.9，比较结果的统计偏差与 *RMSE* 与所选择晴天天数（N）见表 5.4，对应图 5.10。

　　通过图 5.9 可以看出，进行了晴天天气情况判定后，研究天数明显减小；基于该方法估算得到的有云天日尺度蒸散发值也基本

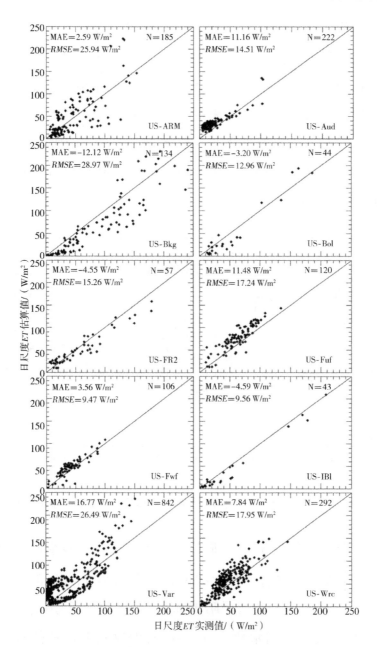

图 5.9   利用统一的土壤可利用水比率与潜在蒸发比
关系估算的有云天 *ET* 与实测 *ET* 的对比

接近实测值。结合表 5.4 与图 5.10 的结果可以看出，10 个美洲通量站点处，利用该方法估算得到的有云条件下日尺度蒸散发的估算偏差在 -12.2~16.77 W/m²，大部分站点处正值估算偏差表明日尺度蒸散发高估，说明之前未进行天气情况判定时的低估主要发生在晴天状况。有云条件下日尺度蒸散发估算的 *RMSE* 为 9.47~28.97 W/m²。大部分站点（7 个站点）处，利用该方法估算得到的 *RMSE* 小于 20 W/m²。

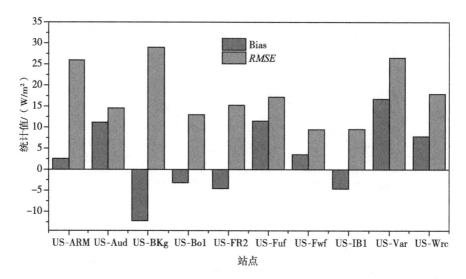

图 5.10　有云条件下日尺度 *ET* 估算值与测量值比较结果的统计偏差和 *RMSE*

对比图 5.8 和图 5.10，即未进行晴天选择，各个站点利用相同的潜在蒸发比（R_{PET}）与土壤可利用水比率（f_{AW}）的指数关系估算的下一天 *ET*，和进行了晴天选择后各个站点利用潜在蒸发比（R_{PET}）与土壤可利用水比率（f_{AW}）的指数关系估算的有云条件下日尺度 *ET*，后者的估算误差稍微偏大，但是变化不明显，所以该有云天蒸散发估算方法并不仅仅适用于利用晴天数据推出有云天，利用数据完整日期估算数据缺失日期的蒸散发也是可行的。

表 5.4 有云条件下日尺度 *ET* 估算值与测量值比较的统计偏差、

RMSE 和所选晴天数

站点名称	偏差/（W/m²）	*RMSE*/（W/m²）	选择天数（N）
US-ARM	2.59	25.94	185
US-Aud	11.16	14.51	222
US-BKg	−12.20	28.97	134
US-Bo1	−3.20	12.96	44
US-FR2	−4.55	15.26	57
US-Fuf	11.48	17.24	120
US-Fwf	3.56	9.47	106
US-IB1	−4.59	9.56	43
US-Var	16.77	26.49	842
US-Wrc	7.84	17.95	292

5.4.2.2 基于禹城站点数据

为了验证探索的 10 个通量站点处潜在蒸发比与土壤可利用水比率之间关系的普适性和所提出有云天日尺度蒸散发估算方法的稳健性，以及基于遥感数据利用该方法的可行性，研究选用禹城站点的遥感数据和部分气象数据利用前面章节提出的解耦因子方法进行了晴天蒸散发估算，然后利用本章提出的方法进行了该站点有云条件下日尺度蒸散发的估算。

晴天蒸散发的估算具体见第 3 章相关内容，概述为首先进行研究站点天气情况的判定，选取了 45 个完全晴天用于后续研究，然后基于 MODIS 遥感数据计算所需参数，结合部分气象数据利用解耦因子方法进行了晴天蒸散发的估算，估算结果与实测潜热通量的比较结果见图 5.11（同图 3.10 解耦因子方法结果部分）。其中，利用解耦因子方法进行禹城站点所选晴天日尺度 ET 估算的偏差为 -5.03 W/m^2，$RMSE$ 为 18.6 W/m^2。该站点晴天的土壤含水量为通过探索得到的潜在蒸发比与土壤可利用水比率之间的关系得到。

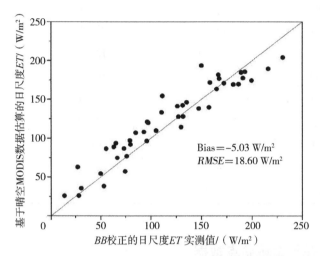

图 5.11　禹城站点基于解耦因子方法晴天蒸散发的估算结果与实测潜热通量的比较

利用 10 个美洲通量站点数据探索的潜在蒸发比（R_{PET}）与土壤可利用水比率（f_{AW}）之间的指数关系 [$R_{PET} = 1.31 \times \exp(4.08 \times f_{AW})$]，利用提出的有云条件下日尺度蒸散发估算方法，进行了有云天（晴天后一天，如果有 2 个晴天相邻可能也为晴天）日尺度蒸散发的估算，估算结果与实测潜热通量的比较结果见图 5.12。

图中可以看出，有云条件下日尺度 ET 的估算结果与实测值比较，估算偏差为 2.62 W/m^2，$RMSE$ 为 35.21 W/m^2，估算误差与

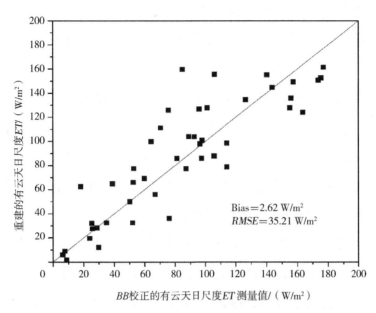

图 5.12 禹城站点有云条件下日尺度蒸散发估算结果与实测潜热通量的比较

图 5.8 中未进行晴天数据选择估算的下一天 ET 的精度（最大误差 39.09 W/m^2）接近。可以看出，利用 10 个通量站点数据探索的潜在蒸发比（R_{PET}）与土壤可利用水比率（f_{AW}）之间的指数关系具有一定的普适性；同时也表明，基于遥感数据，利用该方法估算卫星过境时刻有云条件下的日尺度蒸散发是可行的。

5.4.3 讨论

本章首先基于 ALEX 模型模拟数据（禹城站点气象数据作为输入数据）和 10 个美洲通量站点的实测数据探索了潜在蒸散发比与土壤可利用水比率之间的关系。ALEX 模型模拟数据显示当土壤可利用水比率小于一定值（年日序为 2009-187 时为 0.7，年日序为 2009-289 时为 0.5）时，潜在蒸发比随着土壤可利用水比率的增加呈现指数形式增长；当土壤可利用水比率大于该值时，潜在蒸发比保持稳定，不再增长。而 10 个美洲通量站点的土壤可利用水比率基本均处于小于这一值的情况，因此，基于站点数据拟合的潜在蒸发比随着土壤可利用水比率呈现单纯的指数增长形式。在以后的研究中，亟须通过模型模拟等方法进一步详尽探索或者通过参数化得到稳定的完整变化范围内的潜在蒸发比与土壤可利用水比率之间的关系，因为这一关系的准确确定是该方法准确估算有云条件下日尺度蒸散发的最重要的前提。

研究用 2 种数据 2 类站点对所提出的卫星过境时刻有云条件下日尺度蒸散发估算方法进行了验证。由于 10 个通量站点研究时段较长，站点数据较多，因此，基于 10 个通量站点的研究全部为站点的实测数据。为了保证研究数据量，研究中首先并未进行晴天天气情况的判断，而是选择用数据完成的日期为研究时间，以前一天的土壤含水量减去该天的蒸散发值作为第 2 天的土壤蓄水量数据，即假定第 1 天为晴天，第 2 天为有云天。然后进行了晴天状况判断，以晴天的土壤含水量减去该天的蒸散发值作为第 2 天的土壤蓄水量数据，即以晴天后一天作为有云天，其实包含部分晴天状况，在保证研究天数的情况下，后期研究需尝试完全基于晴天数据和有云天数据进行研究，探索方法的估算精度。

需要注意的是，研究中以完全晴天条件下的日尺度土壤含水量减去日尺度 ET 值在没有降水情况下可作为下一天的土壤含水量，利用潜在蒸发比与土壤可利用水比率之间的关系进行第 2 天蒸散发的估算；而在完全晴天条件下瞬时含水量减去瞬时蒸散发并不能反映第 2 天瞬时时刻的土壤含水量，因为后续完全晴天时刻仍然有蒸散发过程在进行。因此，该方法并不适用于有云天瞬时蒸散发估算。

利用该方法计算有云天蒸散发的优点是方法中的潜在蒸发比能保持较多天的恒定，在获取前一个晴天相关数据的基础上，可进行连续多个有云天的蒸散发的估算，所需的输入数据（晴天净辐射数据、部分气象数据和土壤水力学参数）较少。该方法最明显的缺点是土壤可利用水含量的改变直到下一个降水之后的晴天，再一次利用该方法时才能被考虑到，也就是会使得降水的影响产生延后，另外该方法也需要有云条件下的净辐射数据和部分气象数据用于计算潜在蒸散发。

5.5 本章小结

在卫星过境时刻有云条件下，本章通过利用土壤含水量受云影响较小的特性，基于模型模拟数据和 10 个美洲通量站点数据探索了潜在蒸发比（R_{PET}）与土壤可利用水比率（f_{AW}）之间的指数关系，将蒸散发与土壤含水量进行了关联；利用晴天土壤含水量减去当日蒸散量作为下一天有云天的土壤蓄水量，进行了卫星过境时刻有云条件下日尺度蒸散发估算，利用美洲通量站点数据和禹城站点数据和 MODIS 数据对所提出的方法进行了验证。

基于美洲通量站点数据验证结果表明，利用提出的方法估算的有云天日尺度蒸散发 $RMSE$ 小于 39.09 W/m²；基于禹城站点 MODIS 数据和站点实测数据结果表明，利用提出的方法估算的有云天日尺度蒸散发 $RMSE$ 为 35.21 W/m²。因此，利用 10 个美洲通量站点数据探索的潜在蒸发比与土壤可利用水比率之间的指数关系具有一定的普适性；同时也表明，基于遥感数据，利用该方法估算卫星过境时刻有云条件下的日尺度蒸散发是可行的，具有较好的精度。

6 结论与展望

地表蒸散发（*ET*）是热量平衡和水量平衡的重要组成部分，直接影响土壤-植被-大气系统中的水、热传输，不同时空尺度上蒸散发的准确估算在水文学、水利工程建设、农业灌溉与节水管理、作物生理生态过程研究、作物长势与产量评估和全球气候变化等研究中均具有十分重要的实用价值。遥感反演地表蒸散发具有快速、高时空分辨率和适用于大面积并能长期观测的特点，能弥补传统蒸散发估算方法只适用于小区域范围的不足。但是基于遥感反演模型得到的地表蒸散发一般为卫星过境时刻的瞬时值，而在实际应用中，日尺度或更长时间尺度的蒸散发更具应用价值。因此，遥感反演瞬时蒸散发的时间尺度扩展已成为地表蒸散发定量遥感研究的热点问题与前沿课题之一。

目前已发展的蒸散发时间尺度扩展方法在应用中存在诸多问题，最主要的问题是大部分方法只适用于完全晴空条件，而在实际应用中，完全晴空条件很难满足。云的出现会显著降低地表接收的太阳短波辐射及可利用能量，直接影响着地表蒸散发日内变化过程，不同的云情形对地表可利用能量与蒸散发等的变化幅度影响也不尽相同。因此，深入分析地表蒸散发时间尺度扩展的物理机理，考虑不同云特征（云现时间、云层厚度以及持续时间）对遥感反演瞬时蒸散发时间尺度扩展的影响，开展多种天气条件下（完全晴空、卫星过境时刻无云而其他时刻部分有云、卫星过境时刻有云）蒸散发的时间尺度扩展研究，估算得到更高精度的日尺度或更长时间尺度蒸散发具有极为重要的意义。

6.1　主要研究内容与结论

6.1.1　主要研究内容

本研究以多种天气情况下（全天无云、卫星过境时刻无云和卫星过境时刻有云）日尺度蒸散发估算为研究方向，通过深入分析认识瞬时蒸散发日尺度扩展所涉及的物理机理，在地表蒸散发与其他相关通量在日内或日间的变化规律及影响机制研究的基础上，分别开展了全天无云、卫星过境时刻无云（其他时刻部分有云）和卫星过境时刻有云 3 种天气状况下的瞬时蒸散发日尺度扩展（或日尺度蒸散发直接估算）方法研究。

研究系统阐述了现有主要遥感蒸散发估算模型，讨论了每种模型的输入、假设条件、基本原理及优缺点。详细介绍了瞬时蒸散发的时间扩展方法，分析了现有时间尺度扩展方法存在的问题及发展趋势。

由于瞬时 ET 的准确估算是利用时间尺度扩展方法得到高精度日尺度 ET 的前提。研究在全天无云条件下，利用"同步分离"梯形模型和"两段分离"梯形模型进行了瞬时土壤蒸发和植被蒸腾的估算。估算结果通过与校正后的测量值比较，"两段分离"梯

形模型估算瞬时 ET 的 $RMSE$ 为 49.8~58.4 W/m^2；"同步分离"梯形模型估算瞬时 ET 的 $RMSE$ 为 57.5~89.5 W/m^2。在"两段分离"梯形模型估算得到瞬时参数后，日尺度 ET 估算的 $RMSE$ 为 18.5 W/m^2；在利用"同步分离"梯形模型估算得到瞬时参数后，日尺度 ET 估算的 $RMSE$ 为 27.8 W/m^2。因此，"两段分离"模型无论在组分温度还是蒸散发分解估算中均具有较高精度，基于"两段分离"梯形模型估算得到日尺度 ET 的精度明显高于基于"同步分离"梯形模型的结果。

在全天无云条件下，研究利用解耦因子在一天中保持稳定的特征，利用 Decouple 模型发展了日尺度蒸散发直接估算方法，避免了瞬时蒸散发的引入，并将估算结果与广泛使用的具有较高精度的参考蒸发比恒定时间尺度扩展方法得到的日尺度 ET 结果进行了比较。

在卫星时刻无云（其他时刻部分有云）条件下，研究利用 ALEX 模型模拟了地表 ET 及其相关通量在不同云特征（云现时间、云层厚度、持续时间）情形下的变化规律，分析了不同时间尺度扩展方法（时间尺度扩展因子）受云影响的程度。根据地表蒸散发与扩展变量比值的稳态特性，探求受云影响最小的时间尺度扩展因子；通过扩展结果与实测 ET 值比较，探求了受云影响最小的时间尺度扩展方法。

在卫星过境时刻有云条件下，本研究基于模型模拟数据和 10 个美洲通量站点数据探索了潜在蒸发比与土壤可利用水比率之间的关系，将蒸散发与土壤含水量进行了关联；利用晴天土壤含水量减去当日蒸散量作为有云天的土壤蓄水量，提出了该条件下

的日尺度 ET 估算方法。

6.1.2 主要结论

基于不同瞬时蒸散发估算模型估算得到的瞬时蒸散发，对日尺度 ET 估算结果会产生明显的影响。

提出适用于完全晴天条件下的日尺度 ET 估算方法，与参考蒸发比恒定法在瞬时 ET 采用实测值的前提下扩展得到的日尺度 ET 具有一致的估算精度；研究提出的方法可避免瞬时 ET 的引入，不受瞬时 ET 估算精度影响，而参考蒸发比恒定法精度受瞬时 ET 估算精度影响。

研究通过分析不同扩展时刻、不同云覆盖厚度和不同持续时间的云覆盖对 3 种扩展方法的影响，发现云的出现会加重原来方法对日尺度 ET 的低估或者高估；持续性云的出现对 3 种方法的影响比短暂性云的影响更加明显；云对 3 种方法的影响随着云覆盖厚度的增加而成比例增大。就不同时间尺度扩展方法而言，参考蒸发比恒定时间尺度扩展方法在不同云特征下均表现最稳定、受云影响最小、精度最高。

研究提出的卫星过境时刻有云条件下日尺度 ET 估算方法，基于美洲通量站点数据验证结果表明，日尺度蒸散发估算 $RMSE$ 小于 $39.09~\text{W/m}^2$；基于禹城站点 MODIS 数据和站点实测数据的结果表明，日尺度蒸散发估算 $RMSE$ 为 $35.21~\text{W/m}^2$。因此，研究探索的潜在蒸发比与土壤可利用水比率之间的指数关系具有一定的普适性；同时也表明，基于遥感数据，利用提出的方法估算卫星过境时刻有云条件下日尺度 ET 是可行的，具有较好的精度。

6.2　研究的创新点

与前人研究成果相比，本研究的创新点集中体现在以下 3 个方面。

第一，全天无云条件日尺度蒸散发直接估算。利用解耦因子在一天中的恒定性提出了日尺度蒸散发的直接估算方法，避免了瞬时 ET 的引入，即该方法估算日尺度 ET 不受瞬时 ET 的精度影响；并利用提出的方法进行了日尺度蒸散发的直接估算，具有较高的估算精度。

第二，不同时间尺度扩展方法受云影响系统分析。系统分析了不同云特征（云现时间、云覆盖厚度和持续时间）对几种常见瞬时 ET 时间尺度扩展方法的影响，探寻了受云影响最小、精度最高的时间尺度扩展方法（参考蒸发比恒定法）。

第三，卫星过境时刻有云条件下日尺度蒸散发估算。通过探索潜在蒸发比与土壤可利用水比率之间的关系，将蒸散发与土壤含水量进行关联；利用晴天土壤含水量减去当日蒸散量作为有云条件下的土壤蓄水量，提出了卫星过境时刻有云条件下的日尺度蒸散发估算方法，并通过站点数据进行了验证。

6.3　问题和展望

时间尺度扩展因子的机理分析不足。在地表蒸散发时间尺度扩展物理机理研究方面，已有研究主要是针对蒸发比恒定法开展的，并已取得有益的研究积累，但针对其他扩展方法中扩展因子的机理分析严重不足。后期研究可以进一步研究地表阻抗同蒸散发的物理联系，从而解决参考蒸发比不变法中固定阻抗代替可变阻抗带来的不确定性以及地表阻抗不变法中假定地表阻抗在日内不变（特别是有云条件下）的不合理性问题；开展辐射能量比不变法内在物理机理的研究，在原方法的基础上引入其他气象参数，减小其应用于有云条件下的不确定性。

加强夜间蒸散发估算研究。通过研究全天蒸散发的物理机理，将气象参数、植被覆盖度、土壤湿度等引入到白天蒸散发向日尺度蒸散发的转换中，以降低经验方法的不确定性；或者寻找适用于全天时间尺度扩展的扩展因子，减小部分时间尺度扩展模型中夜间蒸散发估算的不确定性，建立能够直接考虑夜间蒸散发的方法。

进一步探索卫星过境时刻有云条件下日尺度蒸散发估算方法。卫星过境时刻有云时，蒸散发估算所需的卫星数据无法获取，很多已经发展的蒸散发日尺度估算方法无法应用。本研究提出的方法需要探索潜在蒸散发与土壤可利用水比率的关系来将卫星过境时刻有云条件与邻近的晴天条件相关联来进行日尺度 ET 估算，但探索的潜在蒸散发与土壤可利用水比率的关系并不完善，在以后的研究中，需要进一步完善卫星过境时刻有云条件下日尺度蒸散发的估算方法。

参 考 文 献

邸苏闯，吴文勇，刘洪禄，等，2012. 基于遥感技术的绿地耗
　水估算与蒸散发反演 [J]. 农业工程学报，28 (10)：
　98-104.

高彦春，龙笛，2008. 遥感蒸散发模型研究进展 [J]. 遥感学
　报 (3)：515-538.

李德仁，童庆禧，李荣兴，等，2012. 高分辨率对地观测的若
　干前沿科学问题 [J]. 中国科学：地球科学，42 (6)：
　805-813.

刘昌明，王会肖，1999. 土壤-作物-大气界面水分过程与节水
　调控 [M]. 北京：科学出版社.

刘国水，刘钰，许迪，2011. 基于涡度相关仪的蒸散量时间尺
　度扩展方法比较分析 [J]. 农业工程学报，27 (6)：7-12.

卢静，2014. 基于遥感时间信息的地表蒸散发估算方法研究
　[D]. 北京：中国科学院大学.

唐荣林，2011. 基于地表温度-植被覆盖度特征空间的地表蒸
　散发遥感反演方法研究 [D]. 北京：中国科学院研究生院.

田国良，2006. 热红外遥感 [M]. 北京：电子工业出版社.

王桐，唐荣林，李召良，等，2018. 遥感反演蒸散发的日尺度

扩展方法研究进展 [J]. 遥感学报, 23 (5)：813-830.

夏浩铭, 李爱农, 赵伟, 等, 2015. 遥感反演蒸散发时间尺度拓展方法研究进展 [J]. 农业工程学报, 31 (24)：162-173.

辛晓洲, 田国良, 柳钦火, 2003. 地表蒸散定量遥感的研究进展 [J]. 遥感学报, 7 (3)：233-240.

熊隽, 吴炳方, 闫娜娜, 等, 2008. 遥感蒸散模型的时间重建方法研究 [J]. 地理科学进展, 27 (2)：53-59.

杨永民, 2014. 考虑平流影响的遥感蒸散模型及区域蒸散估算 [D]. 北京：中国科学院大学.

张仁华, 田静, 李召良, 等, 2010. 定量遥感产品真实性检验的基础与方法 [J]. 中国科学 (2)：211-222.

ALLEN R G, PEREIRA L S, RAES D, et al., 1998. Crop evapotranspiration-guidelines for computing crop water requirements-FAO irrigation and drainage [R]. Rome：Food and Agriculture Organization of the United Nations.

ALLEN R G, PRUITT W O, WRIGHT J L, et al., 2006. A recommendation on standardized surface resistance for hourly calculation of reference ET_0 by the FAO56 Penman-Monteith method [J]. Agricultural water management, 81 (1-2)：1-22.

ALLEN R G, TASUMI M, TREZZA R, 2005. METRIC：mapping evapotranspiration at high resolution-applications manual for Landsat satellite imagery [D]. IA：University of Idaho.

ALLEN R G, TASUMI M, TREZZA R, 2007. Satellite-based energy balance for mapping evapotranspiration with internalized calibration (METRIC): model [J]. Journal of irrigation and drainage engineering, 133 (4): 380-394.

ANDERSON M C, ALLEN R G, MORSE A, et al., 2012. Use of Landsat thermal imagery in monitoring evapotranspiration and managing water resources [J]. Remote sensing of environment, 122: 50-65.

ANDERSON M C, NORMAN J M, DIAK G R, et al., 1997. A two-source time-integrated model for estimating surface fluxes using thermal infrared remote sensing [J]. Remote sensing of environment, 60 (2): 195-216.

ANDERSON M C, NORMAN J M, KUSTAS W P, et al., 2005. Effects of vegetation clumping on two-source model estimates of surface energy fluxes from an agricultural landscape during SMACEX [J]. Journal of hydrometeorology, 6 (6): 892-909.

ANDERSON M C, NORMAN J M, KUSTAS W P, et al., 2008. A thermal-based remote sensing technique for routine mapping of land-surface carbon, water and energy fluxes from field to regional scales [J]. Remote sensing of environment, 112 (12): 4227-4241.

ANDERSON M C, NORMAN J M, MECIKALSKI J R, et al., 2007. A climatological study of evapotranspiration and moisture stress across the continental United States based on thermal remote sensing: 1. model formulation [J]. Journal of geophysical research: atmospheres, 112 (D10): 1-17.

ANDERSON M C, NORMAN J M, MEYERS T P, et al., 2000. An analytical model for estimating canopy transpiration and carbon assimilation fluxes based on canopy light-use efficiency [J]. Agricultural and forest meteorology, 101 (4): 265-289.

BABAEIAN E, SADEGHI M, FRANZ T E, et al., 2018. Mapping soil moisture with the OPtical TRApezoid Model (OPTRAM) based on long-term MODIS observations [J]. Remote sensing of environment, 211: 425-440.

BALDOCCHI D, FALGE E, GU L, et al., 2001. Fluxnet: A new tool to study the temporal and spatial variability of ecosystem-scale carbon dioxide, water vapor, and energy flux densities [J]. Bulletin of the american meteorological society, 82 (11): 2415-2434.

BARZIN R, SHIRVANI A, LOTFI H, 2017. Estimation of daily average downward shortwave radiation from MODIS data using principal components regression method: Fars province case study [J]. International agrophysics, 31 (1): 23-34.

BASTIAANSSEN W G M, 2000. SEBAL-based sensible and latent heat fluxes in the irrigated Gediz Basin, Turkey [J]. Journal of hydrology, 229 (1-2): 87-100.

BASTIAANSSEN W G M, MENENTI M, FEDDES R A, et al., 1998a. A remote sensing surface energy balance algorithm for land (SEBAL): 1. Formulation [J]. Journal of hydrology,

212: 198-212.

BASTIAANSSEN W G M, NOORDMAN E J M, PELGRUM H, et al., 2005. SEBAL model with remotely sensed data to improve water-resources management under actual field conditions [J]. Journal of irrigation and drainage engineering, 131 (1): 85-93.

BASTIAANSSEN W G M, PELGRUM H, WANG J, et al., 1998b. A remote sensing surface energy balance algorithm for land (SEBAL): 2. Validation [J]. Journal of hydrology, 212: 213-229.

BERG L K, KASSIANOV E I, LONG C N, et al., 2011. Surface summertime radiative forcing by shallow cumuli at the atmospheric radiation measurement Southern Great Plains site [J]. Journal of geophysical research: Atmospheres, 116 (D1): 1-13.

BHATTARAI N, QUACKENBUSH L J, IM J, et al., 2017. A new optimized algorithm for automating endmember pixel selection in the SEBAL and METRIC models [J]. Remote sensing of environment, 196: 178-192.

BISHT G, VENTURINI V, ISLAM S, et al., 2005. Estimation of the net radiation using MODIS (Moderate Resolution Imaging Spectroradiometer) data for clear sky days [J]. Remote sensing of environment, 97 (1): 52-67.

BOEGH E, SOEGAARD H, THOMSEN A, 2002. Evaluating evapotranspiration rates and surface conditions using Landsat TM to estimate atmospheric resistance and surface resistance [J]. Remote sensing of environment, 79 (2-3): 329-343.

BOUTTIER F, COURTIER P, 2002. Data assimilation concepts and methods [J]. Meteorological training course lecture series, 718: 1-58.

BOWEN I S, 1926. The ratio of heat losses by conduction and by evaporation from any water surface [J]. Physical review, 27 (6): 779-787.

BRUTSAERT W H, 1982. Evaporation into the atmosphere [D]. London: Reidel.

BRUTSAERT W, SUGITA M, 1992. Application of self-preservation in the diurnal evolution of the surface energy budget to determine daily evaporation [J]. Journal of geophysical research: Atmospheres, 97 (D17): 99-104.

BUSSIERES N, GOITA K, 1996. Evaluation of strategies to deal with cloudy situation in satellite evapotranspiration algorithm [C] //Proceedings of the third International Workshop NHRI symposium, 17: 16-18.

CAMMALLERI C, ANDERSON M C, KUSTAS W P, 2014. Up-scaling of evapotranspiration fluxes from instantaneous to daytime scales for thermal remote sensing applications [J]. Hydrology earth system sciences, 18: 1885-1894.

CAMPBELL G S, 1985. Soil physics with BASIC-Transport Models for Soil-Plant Systems [M]. New York: Elsevier.

CAMPBELL G S, NORMAN J M, 1998. An introduction to environmental biophysics [M]. 2nd ed. New York: Springer.

CAPARRINI F, CASTELLI F, ENTEKHABI D, 2003 Mapping of land-atmosphere heat fluxes and surface parameters with remote sensing data [J]. Boundary-layer meteorology, 107 (3): 605-633.

CARLSON T N, 2007. An overview of the "Triangle Method" for estimating surface evapotranspiration and soil moisture from satellite imagery [J]. Sensors, 7: 1612-1629.

CARLSON T N, 2013. Triangle models and misconceptions [J]. International journal of remote sensing applications, 3 (3): 155-158.

CARLSON T N, CAPEHART W J, GILLIES R R, 1995. A new look at the simplified method for remote sensing of daily evapotranspiration [J]. Remote sensing of environment, 54 (2): 161-167.

CARTER C, LIANG S, 2019. Evaluation of ten machine learning methods for estimating terrestrial evapotranspiration from remote sensing [J]. International journal of applied earth observation and geoinformation, 78: 86-92.

CHEMIN Y, ALEXANDRIDIS T, 2001. Improving spatial resolution of ET seasonal for irrigated rice in Zhanghe, China. [C] // Asian conference on remote sensing: 5-9.

COLAIZZI P D, EVETT S R, HOWELL T A, et al., 2006.

Comparison of five models to scale daily evapotranspiration from one-time-of-day measurements [J]. Transactions of the ASABE, 49 (5): 1409-1417.

COURAULT D, SEGUIN B, OLIOSO A, 2005. Review on estimation of evapotranspiration from remote sensing data: from empirical to numerical modeling approaches [J]. Irrigation and drainage systems, 19 (3-4): 223-249.

CRAGO R D, 1996. Conservation and variability of the evaporative fraction during the daytime [J]. Journal of hydrology, 180 (1-4): 173-194.

CROW W T, KUSTAS W P, 2005. Utility of assimilating surface radiometric temperature observations for evaporative fraction and heat transfer coefficient retrieval [J]. Boundary-layer meteorology, 115 (1): 105-130.

CROW W T, KUSTAS W P, PRUEGER J H, 2008. Monitoring root-zone soil moisture through the assimilation of a thermal remote sensing-based soil moisture proxy into a water balance model [J]. Remote sensing of environment, 112 (4): 1268-1281.

CULF A D, FOKEN T, GASH J H C, 2008. The energy balance closure problem [J]. Ecological applications, 18 (6): 1351-1367.

DELOGU E, BOULET G, OLIOSO A, et al., 2012a. Reconstruction of temporal variations of evapotranspiration using instantaneous estimates at the time of satellite overpass [J]. Hydrology and earth system sciences, 16 (8): 2995-3010.

DELOGU E, BOULET G, OLIOSO A, et al., 2012b. Temporal variations of evapotranspiration: reconstruction using instantaneous satellite measurements in the thermal infrared domain [J]. Hydrology and earth system sciences, 9 (2): 1699-1704.

DI S C, LI Z L, TANG R, et al., 2015. Integrating two layers of soil moisture parameters into the MOD16 algorithm to improve e-vapotranspiration estimations [J]. International journal of remote sensing, 36 (19-20): 1-19.

FARAH H O, BASTIAANSSEN W G M, FEDDES R A, 2004. Evaluation of the temporal variability of the evaporative fraction in a tropical watershed [J]. International journal of applied earth observation and geoinformation, 5 (2): 130-140.

FENG Y, CUI N, ZHAO L, et al., 2016. Comparison of ELM, GANN, WNN and empirical models for estimating reference e-vapotranspiration in humid region of Southwest China [J]. Journal of hydrology, 536: 376-383.

FISHER J B, MELTON F, MIDDLETON E, et al., 2017. The future of evapotranspiration: global requirements for ecosystem functioning, carbon and climate feedbacks, agricultural management, and water resources [J]. Water resources research, 53 (4): 2618-2626.

GALLEGUILLOS M, JACOB F, PRÉVOT L, et al., 2011. Mapping daily evapotranspiration over a Mediterranean vineyard watershed [J]. IEEE geoscience remote sensing letter, 8 (1): 168-172.

GAN G, KANG T, YANG S, et al., 2019. An optimized two source energy balance model based on complementary concept and canopy conductance [J]. Remote sensing of environment, 223: 243-256.

GAO Y, LONG D, LI Z L, 2008. Estimation of daily actual evapotranspiration from remotely sensed data under complex terrain over the upper Chao river basin in North China [J]. International journal of remote sensing, 29 (11): 3295-3315.

GARCIA M, FERNÁNDEZ N, VILLAGARCÍA L, et al., 2014. Accuracy of the temperature-vegetation dryness index using MODIS under water-limited vs. energy-limited evapotranspiration conditions [J]. Remote sensing of environment, 149: 100-117.

GEBREMICHAEL M, BARROS A P, 2006. Evaluation of MODIS Gross Primary Productivity (GPP) in tropical monsoon regions [J]. Remote sensing of environment, 100 (2): 150-166.

GENTINE P, ENTEKHABI D, CHEHBOUNI A, et al., 2007. Analysis of evaporative fraction diurnal behavior [J]. Agricultural and forest meteorology, 143 (1-2): 13-29.

GILLIES R R, KUSTAS W P, HUMES K S, 1997. A verification of the "triangle" method for obtaining surface soil water content and energy fluxes from remote measurements of the Normalized Difference Vegetation Index (NDVI) and surface [J]. International journal of remote sensing, 18 (15): 3145-3166.

GÓMEZ M, OLIOSO A, SOBRINO J A, et al., 2005. Retrieval of evapotranspiration over the Alpilles/ReSeDA experimental site using airborne POLDER sensor and a thermal camera [J]. Remote sensing of environment, 96 (3-4): 399-408.

GOKMEN M, VEKERDY Z, VERHOEF A, et al., 2012. Integration of soil moisture in SEBS for improving evapotranspiration estimation under water stress conditions [J]. Remote sensing of environment, 121: 261-274.

GOOD S P, MOORE G W, MIRALLES D G, 2017. A mesic maximum in biological water use demarcates biome sensitivity to aridity shifts [J]. Nature ecology & evolution, 1 (12): 1883-1888.

GOWARD S, CRUICKSHANKS G D, HOPE A, 1985. Observed relation between thermal emission and reflected spectral radiance of a complex vegetated landscape [J]. Remote sensing of environment, 18: 137-146.

GOWARD S N, XUE Y, CZAJKOWSKI K P, 2002. Evaluating land surface moisture conditions from the remotely sensed temperature/vegetation index measurements: An exploration with the simplified simple biosphere model [J]. Remote sensing of environment, 79 (2-3): 225-242.

HOEDJES J C B, CHEHBOUNI A A, JACOB B F, et al., 2008. Deriving daily evapotranspiration from remotely sensed instantaneous evaporative fraction over olive orchard in semi-arid Morocco [J]. Journal of hydrology, 354: 53-64.

HOUBORG R, ANDERSON M C, Norman J M, et al., 2009. Intercomparison of a "bottom-up" and "top-down" modeling paradigm for estimating carbon and energy fluxes over a variety of vegetative regimes across the U. S. [J]. Agricultural & forest meteorology, 149 (12): 2162-2182.

HOU J, JIA G, ZHAO T, et al., 2014. Satellite-based estimation of daily average net radiation under clear-sky conditions [J]. Advances in atmospheric sciences, 31 (3): 705-720.

IDSO S B, REGINATOR J, JACKSON R D, 2013. An equation for potential evaporation from soil, water, and crop surfaces adaptable to use by remote sensing [J]. Geophysical research letters, 4 (5): 187-188.

ISHAK A M, BRAY M, REMESAN R, et al., 2010. Estimating reference evapotranspiration using numerical weather modelling [J]. Hydrological processes, 24 (24): 3490-3509.

JACKSON R D, 1983. Estimation of daily evapotranspiration from one time-day measurements [J]. Agricultural water management, 7 (1): 351-362.

JACKSON R D, KUSTAS W P, CHOUDHURY B J, 1988. A re-examination of the crop water stress index [J]. Irrigation science, 9: 309-317.

JACKSON R D, REGINATO R J, IDSO S B, 1977. Wheat canopy temperature: a practical tool for evaluating water requirements [J]. Water resources research, 13 (3): 651-656.

JIANG L, ISLAM S, 1999. A methodology for estimation of surface evapotranspiration over large areas using remote sensing observations [J]. Geophysical research letters, 26 (17): 2773-2776.

JIANG L, ISLAM S, 2003. An intercomparison of regional latent heat flux estimation using remote sensing data [J]. International journal of remote sensing, 24 (11): 2221-2236.

JIANG L, ISLAM S, 2003. An intercomparison of regional latent heat flux estimation using remote sensing data [J]. International journal of remote sensing, 24 (11): 2221-2236.

JIMÉNEZ-MUÑOZ J C, SOBRINO J A, GILLESPIE A, et al., 2006. Improved land surface emissivities over agricultural areas using ASTER NDVI [J]. Remote sensing of environment, 103 (4): 474-487.

JOSÉ L, CHÁVEZ, NEALE C M U, et al., 2008. Daily evapotranspiration estimates from extrapolating instantaneous airborne remote sensing ET values [J]. Irrigation science, 27 (1): 67-81.

KALMA J D, MCVICAR T R, MCCAB M F, 2008. Estimating land surface evaporation: a review of methods using remotely sensed surface temperature data [J]. Surveys in geophysics, 29 (4-5): 421-469.

KUMAR S V, REICHLE R H , PETERS-LIDARD C D, et al., 2008. A land surface data assimilation framework using the land information system: Description and applications [J]. Advances in water resources, 31 (11): 1419-1432.

KUSTAS W P, CHOUDHURY B J, MORAN M S , et al., 1989. Determination of sensible heat flux over sparse canopy using thermal infrared data [J]. Agricultural & forest meteorology, 44 (3): 197-216.

KUSTAS W P, NORMAN J M, 1999. Evaluation of soil and vegetation heat flux predictions using a simple two-source model with radiometric temperatures for a partial canopy cover [J]. Agricultural and forest meteorology, 94: 13-29.

KUSTAS W P, NORMAN J M, 2000. A two-source energy balance approach using directional radiometric temperature observations for sparse canopy covered surfaces [J]. Agronomy journal, 92 (5): 847-854.

KUSTAS W P, SCHMUGGE T J, HUMES K S, et al., 1993. Relationships between evaporative fraction and remotely sensed vegetation index and microwave brightness temperature for semi-arid rangelands [J]. Journal of applied meteorology, 32: 1781-1790.

KWAST J, TIMMERMANS W, GIESKE A, et al., 2009.Evaluation of the surface energy balance system (SEBS) applied to AS-TER imagery with flux-measurements at the SPARC 2004 site (Barrax, Spain) [J]. Hydrology and earth system sciences, 13: 1337-1347.

LAMBIN E F, EHRLICH D, 1996. The surface temperature vege-tation index space for land cover and land-cover change analysis [J]. International journal of remote sensing, 17: 463-487.

LECINA S, MARTINEZ-COB A, PÉREZ P J, et al., 2003. Fixed versus variable bulk canopy resistance for reference evapo-transpiration estimation using the Penman-Monteith equation under semiarid conditions [J]. Agricultural water management, 60 (3): 181-198.

LENG P, LI Z L, DUAN S B, et al., 2017. A method for deriving all-sky evapotranspiration from the synergistic use of re-motely sensed images and meteorological data [J]. Journal of geophysical research: atmospheres, 122 (24): 13, 263-277.

LHOMME J P, ELGUERO E, 1999. Examination of evaporative fraction diurnal behavior using a soil-vegetation model coupled with a mixed-layer model [J]. Hydrology and earth system sci-ences, 3 (2): 259-270.

LIU G, HAFEEZ M, YU L, et al., 2012. A novel method to convert daytime evapotranspiration into daily evapotranspiration based on variable canopy resistance [J]. Journal of hydrology, 414: 278-283.

LIU S M, XU Z W, WANG W Z, et al., 2011. A comparison of eddy-covariance and large aperture scintillometer measurements with respect to the energy balance closure problem [J]. Hydrology and earth system sciences, 15: 1291-1306,

LI Z L, TANG R, WAN Z, et al., 2009. A review of current methodologies for regional evapotranspiration estimation from remotely sensed data [J]. Sensors, 9 (5): 3801-3853.

LONG C N, ACKERMAN T P, 2000. Identification of clear skies from broadband pyranometer measurements and calculation of downwelling shortwave cloud effects [J]. Journal of geophysical research, 105 (D12): 15609-15626.

LONG C N, ACKERMAN T P, GAUSTAD K L, et al., 2006. Estimation of fractional sky cover from broadband shortwave radiometer measurements [J]. Journal of geophysical research atmospheres, 111 (D11): 1937-1952.

LONG D, SINGH V P, 2012. A Two-source trapezoid model for evapotranspiration (TTME) from satellite imagery [J]. Remote sensing of environment, 121: 370-388.

LU J, LI Z L, TANG R L, et al., 2013. Evaluating the SEBS-estimated evaporative fraction from MODIS data for a complex underlying surface [J]. Hydrological processes, 27 (22): 3139-3149.

LU J, TANG R L, TANG H, et al., 2014. Daily evaporative fraction parameterization scheme driven by day-night differences in surface parameters: improvement and validation [J]. Remote sensing, 6: 4369-4390.

MALLICK K, JARVIS A, WOHLFAHRT G, et al., 2015.Components of near-surface energy balance derived from satellite soundings: 1. Noontime net available energy [J]. Biogeosciences, 12 (2): 433-451.

MARTIN T A, BROWN K J, KUERA J, et al., 2001. Control of transpiration in a 220-year-old Abies amabilis forest [J]. Forest ecology and management, 152 (1-3): 211-224.

MAYER B, KYLLING A, 2005. The libradtran software package for radiative transfer calculations-description and examples of use [J]. Atmospheric chemistry and physics, 5 (7): 1855-1877.

MCLAUGHLIN D, ZHOU Y, ENTEKHABI D, et al., 2006. Computational issues for large-scale land surface data assimilation problems [J]. Journal of hydrometeorology, 7: 494-510.

MCNAUGHTON K G, JARVIS P G, 1983. Predicting effects of vegetation changes on transpiration and evaporation [J]. Additional woody crop plants, 7 (2): 1-47.

MORAN M S, CLARKE T R, INOUE Y, et al., 1994. Estimating crop water deficit using the relationship between surface-air temperature and spectral vegetation index [J]. Remote sensing of environment, 49: 246-363.

NICHOLS W E, CUENCA R H, 1993. Evaluation of the evaporative fraction for parameterization of the surface energy balance

[J]. Water resources research, 29 (11): 3681-3690.

NISHIDA K, NEMANI R R, RUNNING S W, et al., 2003. An operational remote sensing algorithm of land surface evaporation [J]. Journal of geophysical research: atmospheres, 108 (D9): 1-14.

NORMAN J M, CAMPBELL G S, 1998. An introduction to environmental biophysics [M]. New York: Springer.

NORMAN J M, KUSTAS W P, HUMES K S, 1995. A two-source approach for estimating soil and vegetation energy fluxes in observations of directional radiometric surface temperature [J]. Agricultural and forest meteorology, 77: 263-293.

NOVICK K A, OREN R, STOY P C, et al., 2009. Nocturnal evapotranspiration in eddy-covariance records from three co-located ecosystems in the southeastern U. S. implications for annual fluxes [J]. Agricultural and forest meteorology, 149 (9): 1491-1504.

OKI T, KANAE S. 2006. Global hydrological cycles and world water resources [J]. Science, 313 (5790): 1068.

PENG J, LIU Y, ZHAO X, et al., 2013. Estimation of evapotranspiration from MODIS TOA radiances in the Poyang Lake basin, China [J]. Hydrology and earth system sciences, 17 (4): 1431-1444.

PENMAN H L, 1948. Natural evaporation from open water, bare soil and grass [J]. Proceedings of the royal society of London series a-mathematical and physical sciences, 193 (1032): 120-145.

PEREIRA A R, 2004. The Priestley-Taylor parameter and the decoupling factor for estimating reference evapotranspiration [J]. Agricultural and forest meteorology, 125 (3-4): 305-313.

PEREZ P J, LECINA S, CASTELLVI F, et al., 2006. A simple parameterization of bulk canopy resistance from climatic variables for estimating hourly evapotranspiration [J]. Hydrological processes, 20 (3): 515-532.

PHAM M T, VERNIEUWE H, BAETS B D, et al., 2016. Stochastic simulation of precipitation-consistent daily reference evapotranspiration using vine copulas [J]. Stochastic environmental research & risk assessment, 30 (8): 2197-2214.

PRICE J C, 1980. The potential of remotely sensed thermal infrared data to infer surface soil moisture and evaporation [J]. Water resources research, 16 (4): 787-795.

PRICE J C, 1990. Using spatial context in satellite data to infer regional scale evapotranspiration [J]. IEEE transactions on geoscience & remote sensing, 28 (5): 940-948.

PRIESTLEY C H B, TAYLOR R J, 1972. On the assessment of surface heat flux and evaporation using largescale parameters [J]. Monthly weather review, 100 (2): 81-92.

RANGO A, 1994. Application of remote sensing methods to hydrology and water resources [J]. Hydrological sciences journal, 39

（4）：309-320.

RASMUS H, MARTHAC A, JOHNM N, et al., 2009, Intercomparison of a "bottom-up" and "top-down" modeling paradigm for estimating carbon and energy fluxes over a variety of vegetative regimes across the U. S. [J]. Agricultural and forest meteorology, 149 (11)：1875-1895.

ROBINSON A R, LERMUSIAUX P F J, 2000. Overview of data assimilation [C]. Harvard reports in physical interdisciplinary, 62：1-13.

ROWNTREE P R, 1991. Atmospheric parameterization schemes for evaporation over land：basic concepts and climate modeling aspects [M]. New York：Springer.

RYU Y, BALDOCCHI D D, BLACK T A, et al., 2012. On the temporal upscaling of evapotranspiration from instantaneous remote sensing measurements to 8-day mean daily-sums [J]. Agricultural and forest meteorology, 152：212-222.

SADEGHI M, BABAEIAN E, TULLER M, et al., 2017. The optical trapezoid model：A novel approach to remote sensing of soil moisture applied to Sentinel-2 and Landsat-8 observations [J]. Remote sensing of environment, 198：52-68.

SALGUEIRO V, COSTA M J, SILVA A M, et al., 2014. Variability of the daily-mean shortwave cloud radiative forcing at the surface at a midlatitude site in Southwestern Europe [J]. Journal of climate, 27 (20)：7769-7780.

SANDHOLT I, RASMUSSEN K, ANDERSEN J, 2002. A simple interpretation of the surface temperature/vegetation index space for assessment of surface moisture status [J]. Remote sensing of environment, 79: 213-224.

SCHLESINGER W, JASECHKO S, 2014. Transpiration in the global water cycle [J]. Agricultural and forest meteorology, 189-190: 115-117.

SEGUIN B, ITIER B, 1983. Using midday surface temperature to estimate daily evaporation from satellite thermal IR data [J]. International journal of remote sensing, 4 (2): 371-383.

SELLERS P J, 1996. A revised land surface parameterization (SiB2) for atmospheric GCMs Part I. Model formulation [J]. Journal of climate, 9: 676-705.

SHUTTLEWORTH W J, 1989. FIFE: The variation in energy partition at surface flux sites [M].[S. l.]: Iahs Publication.

SMITH D M, JARVIS P G, 1998. Physiological and environmental control of transpiration by trees in windbreaks [J]. Forest ecology and management, 105 (1-3): 159-173.

SÁNCHEZ J M, KUSTAS W P, CASELLES V, et al., 2008. Modelling surface energy fluxes over maize using a two-source patch model and radiometric soil and canopy temperature observations [J]. Remote sensing of environment, 112: 1130-1143.

SÁNCHEZ J M, KUSTAS W P, CASELLES V, et al., 2008. Modelling surface energy fluxes over maize using a two-source patch model and radiometric soil and canopy temperature observations [J]. Remote sensing of environment, 112: 1130-1143.

SONG L, LIU S, KUSTAS W P, et al., 2015. Using the surface temperature-albedo space to separate regional soil and vegetation temperatures from ASTER data [J]. Remote sensing, 7 (5): 5828-5848.

SONG L, LIU S, KUSTAS W P, et al., 2018. Monitoring and validating spatially and temporally continuous daily evaporation and transpiration at river basin scale [J]. Remote sensing of environment, 219: 72-88.

STOY P C, MAUDER M, FOKEN T, et al., 2013. A data-driven analysis of energy balance closure across FLUXNET research sites: the role of landscapescale heterogeneity [J]. Agricultural and forest meteorology, 171: 137-152.

SUGITA M, BRUTSAERT W, 1991. Daily evaporation over a region from lower boundary layer profiles [J]. Water resource research, 27: 747-752.

SU H, MCCABE M F, WOOD E, et al., 2005. Modeling evapotranspiration during SMACEX: Comparing two approaches for local-and regional-scale prediction [J]. Journal of hydrometeorology, 6 (6): 910-922.

SULEIMAN A, CRAGO R, 2004. Hourly and daytime evapotranspiration from grassland using radiometric surface temperatures [J]. Agronomy journal, 96 (2): 384-390.

SUN H, 2016. Two-stage trapezoid: A new interpretation of the land surface temperature and fractional vegetation coverage space [J]. IEEE Journal of selected topics in applied earth observations and remote sensing, 9 (1): 336-346.

SUN H, WANG Y, LIU W, et al., 2017. Comparison of three theoretical methods for determining dry and wet edges of the LST/FVC space: Revisit of method physics [J]. Remote sensing, 9 (6): 528.

SUN L, SUN R, LI X, et al., 2012. Monitoring surface soil moisture status based on remotely sensed surface temperature and vegetation index information [J]. Agricultural and forest meteorology, 166-167 (166): 175-187.

SUN Z, WANG Q, MATSUSHITA B, et al., 2008. A new method to define the VI-Ts diagram using subpixel vegetation and soil information: A case study over a semiarid agricultural region in the north China plain [J]. Sensors, 8: 6260-6279.

SUN Z G, WANG Q X, MATSUSHITA B, et al., 2009. Development of a simpleremote sensing evapotranspiration model (SimReSET): algorithm and model test [J]. Journal of hydrology, 376: 476-485.

SU Z, 2002. The surface energy balance system (SEBS) for estimation of turbulent heat fluxes [J]. Hydrology and earth system sciences, 6: 85-99.

TAGESSON T, HORION S, NIETO H, et al., 2018. Disaggregation of SMOS soil moisture over West Africa using the temperature and vegetation dryness index based on SEVIRI land surface parameters [J]. Remote sensing of environment, 206: 424-441.

TALAGRAND O, 1997. Assimilation of observations, an introduction [J]. Journal of the meteorological society of Japan, 75: 191-209.

TALSMA C J, GOOD S P, JIMENEZ C, et al., 2018. Partitioning of evapotranspiration in remote sensing-based models [J]. Agricultural and forest meteorology, 260: 131-143.

TANG B H, LI Z L, 2008. Estimation of instantaneous net surface longwave radiation from MODIS cloud-free data [J]. Remote sensing of environment, 112: 3482-3492.

TANG R, LI Z L, 2017b. An improved constant evaporative fraction method for estimating daily evapotranspiration from remotely sensed instantaneous observations [J]. Geophysical research letters, 44 (5): 2319-2326.

TANG R, LI Z L, 2017c. An end-member-based two-source approach for estimating land surface evapotranspiration from remote sensing data [J]. IEEE Transactions on geoscience and remote sensing, 99: 1-15.

TANG R, LI Z L, SUN X, 2013. Temporal upscaling of instantaneous evapotranspiration: An intercomparison of four methods using eddy covariance measurements and MODIS data [J]. Remote sensing of environment, 138: 102-118.

TANG R, LI Z L, SUN X, et al., 2017a. Temporal upscaling of instantaneous evapotranspiration on clear-sky days using the constant reference evaporative fraction method with fixed or variable surface resistances at two cropland sites [J]. Journal of geophysical research: atmospheres, 122 (2): 784-801.

TANG R L, LI Z L, CHEN K S, et al., 2013. Spatial-scale effect on the SEBAL model for evapotranspiration estimation using remote sensing data [J]. Agricultural and forest meteorology, 174: 28-42.

TANG R L, LI Z L, JIA Y, et al., 2011. An intercomparison of three remote sensing-based energy balance models using large aperture scintillometer measurements over a wheat-corn production region [J]. Remote sensing of environment, 115 (12): 3187-3202.

TANG R L, LI Z L, TANG B H, 2010. An application of the Ts-VI triangle method with enhanced edges determination for evapotranspiration estimation from MODIS data in arid and semi-arid regions: Implementation and validation [J]. Remote sensing of environment, 114: 540-551.

TASUMI M, ALLEN R G, TREZZA R, 2008. At-Surface reflectance and albedo from satellite for operational calculation of land surface energy balance [J]. Journal of hydrologic engineering, 13 (2): 51-63.

TEIXEIRA A, BASTIAANSSEN W, AHMAD M, et al., 2009. Reviewing SEBAL input parameters for assessing evapotranspiration and water productivity for the Low-Middle SPo Francisco River basin, Brazil: Part A. Calibration and validation [J]. Agricultural & forest meteorology, 149 (3): 477-490.

TIAN D, MARTINEZ C J, 2012. Forecasting reference evapotranspiration using retrospective forecast analogs in the Southeastern United States [J]. Journal of hydrometeorology, 13 (13): 1874-1892.

TODOROVIC M, 1999. Single-layer evapotranspiration model with variable canopy resistance [J]. Journal of irrigation and drainage engineering, 125 (5): 235-245.

TOMÁS A, NIETO H, GUZINSKI R, et al., 2014. Validation and scale dependencies of the triangle method for the evaporative fraction estimation over heterogeneous areas [J]. Remote sensing of environment, 152: 493-511.

TOURULA T, HEIKINHEIM M, 1998. Modelling evapotranspiration from a barley field over the growing season [J]. Agricultural and forest meteorology, 91 (3-4): 237-250.

TRENBERTH K E, FASULLO J T, 2010. Tracking earth's energy [J]. Science, 328 (5976): 316-317.

TREZZA R, 2002. Evapotranspiration using a satellite-based surface energy balance with standardized ground control [D]. Logan: USU.

TWINE T E, KUSTAS W P, NORMAN J M, et al., 2000. Correcting eddy-covariance flux underestimates over a grassland [J]. Agricultural and forest meteorology, 103: 279-300.

VAN NIEL, THOMAS G, MCVICAR T R, et al., 2011. Correcting for systematic error in satellite-derived latent heat flux due to assumptions in temporal scaling: Assessment from flux tower observations [J]. Journal of hydrology, 409: 140-148.

VAN NIEL, THOMAS G, MCVICAR T R, et al., 2012. Upscaling latent heat flux for thermal remote sensing studies: comparison of alternative approaches and correction of Bias [J]. Journal of hydrology, 468-469: 35-46.

VERHOEF A, BRUIN H D, HURK B, 1997. Some practical notes on the parameter kB-1 for sparse vegetation [J]. Journal of applied meteorology, 36: 560-572.

WANDERA L, MALLICK K, KIELY G, et al., 2017. Upscaling instantaneous to daily evapotranspiration using modelled daily shortwave radiation for remote sensing applications: an artificial neural network approach [J]. Hydrology and earth system sciences, 21 (1): 197.

WANG K, DICKINSON R E, 2012. A review of global terrestrial evapotranspiration: Observation, modeling, climatology, and climatic variability [J]. Reviews of geophysics, 50 (2): 1-54.

WANG K, LI Z, CRIBB M, 2006. Estimation of evaporative fraction from a combination of day and night land surface temperatures and NDVI: A new method to determine the Priest-ley-Taylor parameter [J]. Remote sensing of environment, 102: 293-305.

WANG L, GUO N, WANG X, et al., 2017. Effects of spatial resolution for evapotranspiration estimation by using the triangular method over heterogeneous underling surface [J]. IEEE Journal of selected topics in applied earth observations and remote sensing, 10 (6): 2518-2527.

WANG W, HUANG D, WANG X G, et al., 2010. Estimate soil moisture using trapezoidal relationship between remotely sensed land surface temperature and vegetation index [J]. Hydrology and earth system sciences discussions, 7 (6): 8703-8740.

WAN Z, DOZIER J, 1996. A generalized split-window algorithm for retrieving land-surface temperature from space [J]. IEEE Transactions on geoscience and remote sensing, 34 (4): 892-905.

WU B, ZHU W, YAN N, et al., 2016. An improved method for deriving daily evapotranspiration estimates from satellite estimates on cloud-free days [J]. IEEE Journal of selected topics in applied earth observations and remote sensing, 9 (4): 1323-1330.

XIONG Y J, ZHAO S H, TIAN F, et al., 2015. An evapotrans-piration product for arid regions based on the three-temperature model and thermal remote sensing [J]. Journal of hydrology, 530: 392-404.

XU T, LIU S, XU L, et al., 2015. Temporal upscaling and reconstruction of thermal remotely sensed instantaneous evapotranspiration [J]. Remote sensing, 7 (3): 3400-3425.

YANG Y, SHANG S, 2013. A hybrid dual-source scheme and trapezoid framework-based evapotranspiration model (HTEM) using satellite images: Algorithm and model test [J]. Journal of geophysical research: atmospheres, 118: 5.

YANG Y, SU H, ZHANG R, et al., 2015. An enhanced two-source evapotranspiration model for land (ETEML): Algorithm and evaluation [J]. Remote sensing of environment, 168: 54-65.

ZHANG K, KIMBALL J S, RUNNING S W, 2016. A review of remote sensing based actual evapotranspiration estimation [J]. Wiley interdisciplinary reviews: water, 3 (6): 834-853.

ZHANG L, LEMEUR R, 1995. Evaluation of daily evapotranspiration estimates from instantaneous measurements [J]. Agricultural and forest meteorology, 74 (1-2): 139-154.

ZHANG R, TIAN J, SU H, et al., 2008. Two improvements of an operational two-layer model for terrestrial surface heat flux retrieval [J]. Sensors, 8 (10): 6165-6187.

ZHANG Y, CHIEW F H S, PEÑA-ARANCIBIA, et al., 2017. Global variation of transpiration and soil evaporation and the role of their major climate drivers [J]. Journal of geophysical research：atmospheres，122：6868-6881.

ZHAO W，LI A，JIN H，et al.，2017. Performance evaluation of the triangle-based empirical soil moisture relationship models based on landsat-5 TM data and in situ measurements [J]. IEEE Transactions on geoscience and remote sensing，55（5）：2632-2645.

黄曲霉毒素 B1

按 GB/T 8381 进行。

4.12 沙门氏菌

按 GB/T 28642 进行。

4.13 铅

按 GB/T 13080 进行。

4.14 总砷

按 GB/T 13079 进行。

4.15 净含量

按 JJF 1070 执行。

4.16 试验测定值的双试验相对偏差按 GB/T 6432~6439 和 GB/T 5917 的规定执行。

5 检测规则

5.1 产品应由本厂检验部门按规定进行检验，合格后方可出厂。

5.2 组批与取件

5.2.1 同一配方连续生产一次的量为一批次。

5.2.2 采样

按 GB/T 14699.1 执行，随机收集总量不少于 1kg 的样品。

5.3 检验项目

5.3.1 产品检验

5.3.1.1 出厂检验

感官指标、水分、粗蛋白质、黄曲霉毒素 B1 和包装净含量为每批产品出厂必检项目。

5.3.1.2 型式检验

本标准规定的全部项目

5.4 判定规则

5.4.1 违禁药物或添加物一旦查出，该批产品即判为不合格产品。

5.4.2 试验测定值应考虑试验偏差，其结果偏差范围按国家相关标准执行。

5.4.3 感官指标、水分、混合均匀度、粗蛋白、粗灰分、粗纤维、钙、磷、氯化钠等为判定合格指标，如检验中有一项不符合标准，应重新取样进行复检，复检结果中有一项不合格即判定为不合格。

5.4.4 净含量：按 JJF 1070 判定。

5.4.5 检验结果判定允许误差按 GB/T 18823 规定执行。

5.4.6 如供需双方对产品的质量发生异议时，可由双方协商或有法定仲裁机构仲裁。

6 标签、包装、运输、贮存

6.1 标签

应符合 GB 10648 的要求。

6

附 录 A
（规范性附录）
肉羊用复合预混合饲料产品营养成分分析保证值（标示量）

A1 肉羊用复合预混合饲料产品营养成分分析保证值见表格 A1。

表格A1 产品营养成分分析保证值(标示量)

营养成分	产品营养成分分析保证值	
	哺乳期羔羊	断奶后肉羊
VA（万 IU/kg，≥）	8.0	10.0
VD₃（万 IU/kg）	2.0~6.0	2.0~6.0
VE（IU/kg，≥）	500	700
铁（g/kg）	0.5~2.5	1.0~3.0
铜（g/kg）	0.15~0.50	0.15~0.50
锰（g/kg）	1.0~3.0	1.0~3.0
锌（g/kg）	1.0~3.0	1.0~3.0
钴（mg/kg）	10~40	10~40
碘（mg/kg）	15~45	30~90
硒（mg/kg）	3~10	3~10
钙（%）	7.0~15.0	8.5~20.0
总磷（%，≥）	2.5	2.5
氯化钠（%，）	3.5~7.0	12~24
沸石粉	加至 1000g	加至 1000g